人工林质量提升理论与技术
——以浙江为例

张弓乔　赵中华　彭　辉　等著

中国林业出版社
·北京·

图书在版编目（CIP）数据

人工林质量提升理论与技术——以浙江为例/张弓乔等著. —北京：中国林业出版社，2022.12
ISBN 978-7-5219-2067-3

Ⅰ．①人…　Ⅱ．①张…　Ⅲ．①杉木-人工林-森林经营-研究　Ⅳ．①S791.27

中国国家版本馆 CIP 数据核字（2023）第 000963 号

责任编辑：何　鹏　李丽菁

出版发行　中国林业出版社（100009，北京市西城区刘海胡同 7 号，电话 83143549）
电子邮箱　cfphzbs@163.com
网　　址　www.forestry.gov.cn/lycb.html
印　　刷　北京中科印刷有限公司
版　　次　2022 年 12 月第 1 版
印　　次　2022 年 12 月第 1 次印刷
开　　本　787mm×1092mm　1/16
印　　张　9.25
字　　数　240 千字
定　　价　95.00 元

《人工林质量提升理论与技术》
著者名单

张弓乔　赵中华　彭　辉　周红敏

胡艳波　赖光辉　陈明辉　季新良

沈庆华　李求洁　惠刚盈

前　言

　　有关森林质量提升的技术研究在浙江省已进行了大量实验和积极探索，为践行"绿水青山就是金山银山"理念提供了有益借鉴。然而由于缺少精准定向和适宜本土的经营方法、技术体系，在全省特别是浙南山区的大面积人工林仍存在生产力低下、低效林比重大、后备资源缺乏和营林造林措施不合理等问题，导致森林生态系统稳定性差，低质化、低效化问题日益突出，降低了森林质量，制约了林业高质量发展。因此开展基于林分空间结构优化的森林质量提升技术研究与示范，研究一套切实可行的适宜浙江本土的经营技术，对实现森林生态系统多效益的发挥和可持续经营具有重要的现实指导性意义。

　　浙江省位于我国东南沿海三角洲南翼，全省跨南亚热带和北亚热带过渡地带，四季分明，气候温和，雨量充沛，物种资源丰富。山地、丘陵占总面积的70%。土地肥沃，适宜树木快速生长，森林资源丰富，属于典型的南方集体林区。近年来，森林资源持续增长，林业生态建设步伐加快，森林生态文化日渐繁荣，"绿水青山就是金山银山"理念在浙江林业发展中得到了积极探索和实践，保持了森林面积、森林覆盖率和林木蓄积量"三增长"的良好势头。其中杉木作为我国南方最重要的用材树种之一，是浙江省乔木林中的优势树种。杉木具有生长快、材质好、对气候的适应性广等特点，在浙南广泛栽植。浙江省现有杉木人工林82.09万 hm²，占乔木林面积的20.02%，蓄积量4993.66万 m³，占乔木林总蓄积量的23.03%。在增加森林碳汇方面有巨大的潜力，有着良好的市场发展前景。杉木也是我国最重要的乡土针叶用材树种，生长遍及我国整个亚热带、热带北缘、暖温带南缘等气候区。第九次全国森林资源清查表明，我国杉木人工林面积达到1.48亿亩*，蓄积量达7.55亿 m³，分别占全国人工乔木林总面积、总蓄积量的1/4和1/3，均排名第1。因地制宜发展杉木人工林，能有效增产木材、改善环境、保持生态平衡，对我国木材安全、生态安全、绿色发展具有重要战略意义。

　　然而，随着经济社会活动对自然资源的利用强度不断加大，自然生态系统遭受破坏的现象依然频发，生态保护与经济发展的矛盾突出，特别是在"两美""两富"浙江建

---

　　* 1亩＝0.0667 hm²

设和高水平全面建成小康社会的背景下，一方面林业在促进生态保护与经济发展中的作用还未充分发挥，另一方面，环境承载力已经达到或接近上限。根据《浙江省林业发展"十四五"规划》，"十四五"期间将开启建设林业现代化新征程的宏伟蓝图，林业进入高质量发展新阶段。在 2025 年将实现森林覆盖率提升至 61.50%，林木蓄积量由 2020 年的 3.78 亿 m^3 增长到 4.45 亿 m^3，乔木林单位面积蓄积量由 87.1 m^3/hm^2 提升至 100.0 m^3/hm^2，森林植被碳储量由 2.9 亿 t 增至 3.4 亿 t……林业统筹保护和发展的压力会更大，如何更好地实现"在保护中发展、在发展中保护"是对全省林业部门的重大挑战。

总的来说，浙江省森林面临着以下几个问题：①林地利用率、森林覆盖率均已达高位，未来森林资源面积增长空间较小；②中幼林始终是浙江省森林资源的主体，森林质量一般，林木蓄积量、人均林木蓄积量和公顷年平均生长量等指标普遍低于国家平均水平；③缺乏系统性的适宜本土的森林经营模式，可持续经营机制有待探索；④林业信息化建设水平不高，数据采集等工作模式较为落后等。

无论是造林，还是现有人工林，在有限的林地面积上采用科学、有效的方法和技术提升森林质量，提高森林的生产力，是增加森林固碳量的重要举措。本书针对以上提出的几点问题，根据浙江省自然地理、林业资源和经济社会等因素，结合新常态林业发展的要求，以现有杉木人工林为对象，认为有以下几个未来的发展方向：①当未来森林资源面积增长空间较小的情况下，正确评估森林现状、提高土地利用效率、强化森林科学经营，是提升森林质量、增强生态系统功能的唯一出路；②开展合理经营措施是未来林业工作的重点，大规模开展培育优质大径级用材林，加大先进技术和成果的引用和推广力度，定能带来持续的蓄积量增长红利，也是浙江增加森林资源储备的希望所在；③加强林业机械化科技研发与推广，大力实施"机器换人"，加快研究开发一批适合浙江省现代林业发展的林机新产品、新技术。

因此，有必要结合浙江省自然地理和林业资源现状，利用先进的森林经营及其配套技术，打造基于浙江森林特点的全流程操作体系。整个体系包括调查（全面或抽样调查方法）、评估（林分状态合理性评价技术）、定向（π 值法则确定经营方向）、优选（"经营处方"、优选经营措施优先性方法）、经营（结构化森林经营、中大径木随机化经营和随机化造林）。同时开发基于浙江森林特点的全流程操作体系的专业设备及其配套软件，加紧实现数据分析与经营方案编制一体化、信息化研究。以上每个环节都是必不可少、可精准提升森林质量的关键步骤。

首先，应解决如何进行人工林的现状评价和经营方向确定的问题。只有对林分现状进行科学的评价，才有可能进一步给出科学的经营方向和经营措施。这就好比医生给出治疗方案之前，必须要进行必要的检查，以确定病因和治疗的方向，才能对症下药。对林分现状的评价正是"对症"的过程。

最优林分状态 π 值法则作为具有国际领先成果的森林经营配套技术，在确定经营方向上具有灵活性、精确定量性等不可替代的优点。通过现实林分状态与理想林分状

态 π 的比值判断现实林分的优劣。该技术与林分状态指标有多少或指标是什么无关，期望值恒等于 π。当所有林分状态指标的取值都为 1 时的林分状态最优。林分状态评价指标可根据林分的不同方面来描述，通常包括林分空间结构、林分年龄结构、林分组成、林分密度、林分长势、顶极树种/目标树种竞争、林分更新、林木健康等方面，并根据最新研究成果给出各指标的评价标准。林分状态合理性评价也可以应用为森林质量的评价方法。

"经营处方"，即优选经营措施优先性方法。这种方法在评价林分状态合理性和确定经营方向的基础上，分析可能解决该经营问题的有效技术措施，重点针对林分状态评价中可能出现的两个及以上因子同时不合理的"综合征"，共开具了"120 种经营处方"，可直接应用于指导森林经营。同时，有机结合不同地区林分经营与单木经营现状，通过调整竞争、分布等结构优化措施，为设计出适宜本土的经营模式和培育健康稳定的森林生态系统提供了多种途径。类比医生看病的例子，"经营处方"就像是针对不同病患给出的不同标准治疗方案的专家手册。在确定特定病患的情况后，查找其相应的治疗方案。

其次，是如何解决人工林质量提升中林木分布格局多样性和中大径木的稳定性构架问题。人工林近自然森林经营的实质就是要模仿自然的森林结构以增强生态系统的稳定性、提升森林质量。结构化森林经营是一种秉持可持续发展的思想，摒弃单纯的木材生产，以培育健康稳定的森林为终极目标，量化森林结构，并指导森林空间结构的调节和优化，调整或维护最佳林分结构，使其接近理想结构的经营理论和方法。二十余年的不断完善和发展表明，结构化森林经营无论从林分生产力提升、空间结构优化还是综合状态改善，都有不俗的表现。能够最大限度地维持林分的最优状态，人为促进森林质量得到精准提升。中大径木随机化经营技术和随机化造林技术正是以此为基础构建的。相比结构化森林经营，中大径木随机化经营和随机化造林是一套专门针对现有人工林和新造林的格局调节技术。这两种技术在浙南地区、甘肃小陇山、北京房山等多地的试验和应用表明，均可以有效地改善林分格局，提升林分质量，提高林分尤其是中大径木的生产力。

综上所述，本书介绍的人工林质量提升技术体系主要包含 5 项关键技术：①基于四株相邻木的抽样调查技术；②林分状态合理性评价技术；③经营措施优先性确定技术；④随机化造林技术；⑤中大径木随机化经营技术。

本书除了对这些技术方法进行详细介绍以外，还对这些技术的研究过程和科学原理进行了阐述。同时，为了增加本书关键技术的实操性，将按照实际样地操作的顺序进行介绍。因此，本书的第一章首先简单介绍了人工林质量提升技术中需要用到的基础性理论与方法。第二章至第六章为人工林质量提升技术的主要内容。其中，第二章介绍了有关样地抽样调查的比较性研究和幼树调查方法的最新研究进展；第三章依次介绍了对样地进行林分状态合理性评价需要用到的多种指标以及具体的评价标准；第四章将定向和优选结合在一起，在林分状态合理性评价的基础上给出可能的经营方向；第五章对随机化造林技术和中大径木随机化经营技术一系列研究过程、原理、操作标准等展开介绍；第六章通过应用森林结构分析和经营决策专家系统，展示了一个样地实例应用场景，并对最新研发的在线系统的操作方法进行详细的介绍。

总的来说，相较于其他人工林相关的书籍，本书具有以下几个特点：

（1）理念创新性。项目结合浙江省森林经营所面临的实际情况和自然条件，采用最先进的经营技术，既考虑了林木个体生长的邻体结构效应，同时又考虑了林分整体空间结构多样性的影响，更加直观地诠释结构的整体效应和局部功效，将更好的理念服务于浙江省的森林经营，并总结、凝练出一套适宜浙江本土的经营技术。

（2）技术先进性。利用林分状态合理性评价技术在森林经营前，定量地对林分现状进行了分析与评估；林分状态评价 π 值法则和 120 种经营处方以及经营措施优先性等经营配套技术可以指导制订科学合理的人工林作业设计。

（3）实用性。数据分析与经营方案编制一体化、信息化研究可大大提高一线营林人员的工作效率和技术水平。通过推广数据分析平台，实现一键输出林分状态分析，自动对林分的经营方向进行匹配，并给出具体的经营方案，极大地提高了数据处理和编制经营方案的效率。

最后，为了突出展示最新的科研内容，将结构量化分析理论、结构化森林经营等研究内容省略，并在提及的章节内做了标注，读者可自行查阅《结构化森林经营原理》《结构化森林经营理论与实践》《森林结构深度解译方法及其应用》等书目。

本书出版得到中国林业科学研究院林业研究所的大力支持，并得到浙江省林业局和中国林业科学研究院省院合作林业科技项目"基于林分空间结构优化的森林质量提升技术研究与示范"（2020SY04）的资助，在此深表感谢。

张弓乔

2022 年 10 月

目　录

## 第一章

森林空间结构量化方法

1.1 什么是森林的结构？

结构是根据结构属性来定义的，被认为是对存在不同属性的数量以及每个属性的相对丰度的度量。图 1-1 展示了不同森林群落的结构示意图。对于不同群落或不同的研究目的来说，要考察的结构属性也是不同的。

图 1-1　森林结构示意

生物学中，结构有 3 个重要的概念：自组织（self-organization）、结构与功能的关系（structure/property relationship）以及格局识别（pattern recognition）。对于森林的结构而言，林木之间在空间中形成的复杂的相互作用关系可以理解为自组织形式。物理学家 Hermann Haken 认为，自组织是指一个系统不存在外部指令，系统按照相互默契的某种规则，各尽其责而又协调地自动地形成有序结构。

与处于开敞空间中自由生长的树木不同，森林中林木的生长、死亡、更新等常受到周围相邻木的影响。林木自身也对相邻木的发展产生影响。因此，森林中的林木不是一个独立的个体，而是与相邻木形成复杂作用关系、组织在一起的整体。系统的结构与系统属性（功能）之间紧密相关，这在材料、蛋白质等其他学科中有着广泛的认知。组成材料的每个要素及其属性、组成森林系统中的每株林木及其属性，在空间中不同的排列方式将决定材料、森林的性质与功能。可见，森林的结构决定了森林生态系统功能服务的质量（Spies，1997；Gamfeldt et al.，2013）。

1.2   为什么要分析森林结构？

森林结构通常是由许多自然的生态过程在很长的时间跨度和小的空间尺度的作用下形成的（Gadow，2003；Brown et al.，2011）。这些自然生态过程包括林木间的竞争、土壤中种子发芽到长成幼树的更新、林木的生长和死亡等过程。这些过程影响着林木属性间的空间排列方式。可见，森林的结构是各种自然生理、生态过程之间的复杂作用留下的痕迹（Wiegand and Moloney，2013）。森林火灾等灾害以及人类活动的高强度和大面积干扰可引起森林结构在空间大尺度以及短时间的剧烈变化（Sanderson et al.，2002）。人类不适当的利用森林资源的方式、乱砍滥伐、大规模的破坏将导致森林结构的不完整，使其丧失一些重要的生态服务功能。

另一角度来说，森林的结构也反过来影响着林木间的相互作用方式，如林木间的竞争、幼苗的生长与存活以及林木树冠的形成等。例如，林木大小在水平和垂直空间上的分布决定着小气候的条件，可利用的资源以及物种栖息地生态位的形成，因此直接或者间接地决定着森林群落中的生物多样性。可见，森林结构对森林的木材生产经济效益、多样性保护生态效益以及发挥的社会效益等方面都非常重要。

1.3   如何分析林分结构？

林分被称为森林分子，是组成森林的最小单位。林分是具有一定结构、发挥一定功能的森林地段，这个森林地段具有一致的树种组成、结构以及发展状态，并与四周相邻部分有显著区别。林分是区划森林的最小地理单位，也是最小的森林经营单位。林分结构是研究森林结构的基本单元，既是森林经营和分析中的重要因子，也是实施森林经营活动的具体对象。因此在本书中的研究对象为林分，考察的内容为林分的结构。

提高林分结构的多样性和复杂性，被认为是实现森林生态系统生物多样性维持和增加的基础，是实现精准提升森林质量的有效途径，一直是森林经营研究的重点问题。基于相邻木关系的林分空间结构分析方法已在生态学和林学上得到广泛应用，采用结构参数均值、一元分布和多元分布可系统量化描述林分整体、单方面和多方面的空间结构特征。

1.3.1   从结构体开始

针对经典植被群落调查和传统森林经营体系在表达森林空间结构特征信息方面存在的不足和问题，惠刚盈等提出了基于相邻木的描述林分空间结构的最佳方法（惠刚盈，2013）：将林分内任意一株单木和距它最近的 4 株相邻木组成的结构小组定义为分析林分空间结构的基本单元——结构体，也称为结构单元（图 1-2）。每一个结构体都包含中心的一株林木，称为中心木 i，以及距其最近的 4 株相邻木。应用结构体进行测量和分析时，既包含了林木本身的属性，同时也考虑了其与相邻木之间的关系，这一点明显不同于传统的以单木为基本单位的研究方法。以中心木及其最近4株相邻木构成的结构体为基本研究对象替代了传统的仅以林木个体本身为基本研究单元的统计方法。也就是说，将目标放在各林木及其最近几株相邻木的关系上，以揭示各林木在群落内的状态，如周围有多少最近相邻木比所关注的林木大或小？有多少与它同种或非同种？如何在它周围分布？

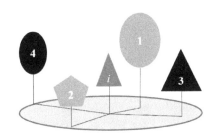

图1-2 结构体示意图

注：图中 i 为林分中的任一单木，林木1~4为距其最近的4株相邻木。

1.3.2 描述林分空间结构的重要参数

森林结构主要通过林木位置（点格局）分布、林木大小差异和树种多样性等方面来表达（Pommerening，2006；Gadow et al.，2012）。传统的林分结构研究以林木为对象，描述林分组成属性的统计特征或平均状态，不涉及林木空间关系，缺乏内在关系的诠释。林分空间结构参数则基于最近相邻木关系，统一由空间结构的基本单元——结构体出发，同步完成森林结构从树种、大小、格局和竞争等多方面的分析，有助于了解林分结构的细微之处，对森林多样性和竞争环境的探索有潜在的应用意义，在选择经营对象时更加精准、简便，可直接指导森林经营。

基于结构体，可以系统构筑4个林分空间结构参数（图1-3），包括体现林木分布均匀程度的角尺度（W_i）、描述树种隔离程度的混交度（M_i）、反映林木优势程度的大小比数（U_i），以及表达林木拥挤程度的密集度（C_i）。这4个结构参数精准定位了每株林木的自然状态，确切回答了相邻木如何分布在周围（角尺度）、有多少与其同种（混交度）、有几个比其大或小（大小比数）、是否受到挤压（密集度）的问题。4个结构参数均有5种可能的取值，分别为0.00，0.25，0.50，0.75，1.00，对应每个方面不同的林分状态，生物学意义直观明了。

1.3.2.1 角尺度

林木水平格局分布是森林结构的重要组成部分，直接影响森林生态系统的健康与稳定。水平格局，即点格局（point pattern）、点模式，阐述了林木在水平地面上的分布形式，是森林系统的主要组织形式，也是森林水平结构的主要表现形式。格局的分布类型有3种：随机分布、规则（均匀）分布和集聚（团状）分布。

种群空间分布格局中的随机分布（random distribution）是指生物种群中的个体在每个取样单位中出现的概率相同，任何个体的存在不影响其他个体的出现。对于林分来说，林木个体的分布相互间没有联系，每个个体都有同等机会出现，与其他个体是否存在无关，林木的位置以连续且均匀的概率分布在林地上［图1-4（左）］。对于任意两个不重叠的区域面

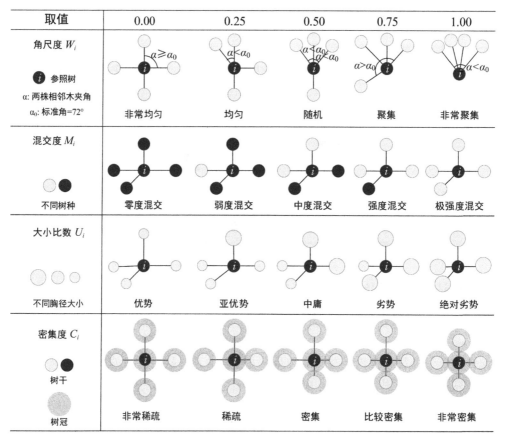

图1-3 结构参数可能的取值示意图

积,其上的林木数量是一个随机变量且相互独立。也就是说,林木与其本身所处的位置互不发生影响。从空间角度,可以用下述过程来描述随机分布格局。假设研究区域面积为A,且区域内共有λA个个体,于是单位面积的平均密度为λ,如果单位面积内有r个个体的概率为:

$$P(r) = \frac{\lambda^r e^{-\lambda}}{r!}, \ r = 0, \ 1, \ 2, \ \cdots \tag{1-1}$$

则称这个区域内个体的空间分布是随机的。随机分布的重要特征:数学期望(均值)=方差=λ。随机分布也称为泊松分布。符合泊松分布是随机分布格局的必要条件而不是充分条件,一个符合泊松分布的数列并不一定对应于个体空间配置的随机性,只有保证取样时个体独立地、随机地分配到所有取样单元中去,并且保证每个取样单元中有足够的个体数,才能保证个体空间配置的随机性。假设取样单元足够小,只包含了一个个体,那么无论什么分布格局,都会得到符合泊松分布的(0,1)数列。

规则分布(uniform distribution)是指林木在水平空间中的分布是均匀等距的,或者说林木对其最近相邻木以尽可能大的距离均匀地分布在林地上,林木之间互相排斥[图1-4(中)]。在所有取样单元中接近平均株数的单元最多,密度极大或极小的情形都很少。均匀分布格局的数学模型是正二项分布(positive binomial distribution)。假设每个单位中含有

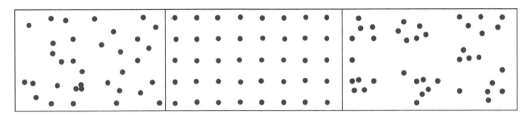

图1-4 不同分布的点格局示意图

注：左，随机分布；中，规则分布；右，聚集分布。

很多(n)个位置，每个位置可被一个个体占用，每单位中的每一位置被占用的概率都相等，假设为P。于是，任一单位正好有r个位置被占用的概率为：

$$P(r) = C_n^r p^r (1-P)^{n-r}, \quad r = 0, 1, 2, \cdots \quad (1-2)$$

集群分布(contagious distribution)又称为团状分布(clumped distribution)、聚集分布(aggregated distribution)。与随机分布相比，林木有相对较高的超平均密度占据的区域。也就是说，林木之间互相吸引[图1-4(右)]。集群分布的数学模型是负二项分布(negative binominal distribution)。其定义为单位面积有r个个体的概率为：

$$P(r) = C_{r+k-1}^r p^k (1-P)^r, \quad r = 0, 1, 2, \cdots \quad (1-3)$$

其中，p、k为分布的参数。

目前已发展了许多描述林分点模式的方法或指标(Clark and Evans, 1954; Ripley, 1977; Zenner and Hibbs, 2000; Pommerening, 2006)。其中，角尺度方法由于既可用均值表达也可通过频率分布细致描述微观结构，在指导森林空间结构调整以及森林结构的模拟与重建过程中有着独特的优势(Aguirre et al., 2003; Pommerening, 2006)，目前在林分结构分析中得到广泛的应用(Pastorella and Paletto, 2013)。

角尺度通过判断和统计由中心木与其相邻木构成的夹角是否大于标准角，来描述相邻木围绕中心木的均匀性。角尺度的计算是建立在4株最近相邻木的基础上，因此，用角尺度可评价出各群丛之间的变异，清晰地描述了林木个体分布。为便于对角尺度的理解，首先给出定义。

从中心木出发，任意两个最近相邻木的夹角有两个，令小角为α，大角为β，则$\alpha + \beta = 360°$。图1-5中，中心木i与其最近相邻木1和2、2和3、3和4以及1和4构成的夹角都是用较小夹角α_{12}、α_{23}、α_{34}、α_{41}表示。

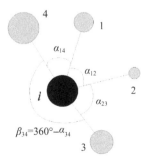

图1-5 中心木i与其最近4株相邻木构成的夹角示意图

角尺度可以清晰地描述相邻木围绕中心木 i 分布的均匀性，被定义为 α 角小于标准角 $α_0 = 72°$ 的个数的比例。用下式来表示：

$$W_i = \frac{1}{4} \sum_{j=1}^{4} 1(\alpha < \alpha_0); \ W_i \in [0, 1] \tag{1-4}$$

其中，W_i 为第 i 株中心木的角尺度取值；j 为 i 的第 j 株相邻木；α 为两株相邻木的夹角；$1(\alpha < \alpha_0)$ 为指示函数，当满足括号中条件，即 α<72°时，该函数为 1，否则为 0。

针对特定结构体来说，W_i 的 5 种取值分别对应了 5 种中心木 i 与其相邻木的分布关系。当 $W_i =0$ 或 0.25 时，表明林木是围绕中心木以非常均匀或较为均匀分布的；$W_i =0.75$ 或 1 时，表明林木是围绕中心木以较为聚集或非常聚集分布的；中间形式 $W_i =0.5$ 表明林木是围绕中心木随机分布的(惠刚盈和克劳斯·冯佳多，2003)。其分布示意如图 1-3，第 1 行。

以结构体为基本单位，可以直观地评估林木及其相邻木的空间关系。将随机结构体称为随机体，非常均匀和均匀的结构体统称为均匀体，聚集和非常聚集的结构体统称为聚集体。为了便于使用，以下给出应用 R 计算角尺度的自定义函数。

```
# 查找一株树的最近 4 株相邻木
Near. f <- function(x0, y0, data1) {
  x1 <- abs(data1 $ x - x0)
  y1 <- abs(data1 $ y - y0)
  dis <- sqrt(x1 * x1 + y1 * y1)
  nord <- order(dis)
  data2 <- data1[nord[1:5], ]
  return(data2)
}


# 计算一株树相邻木的水平夹角
Angle. f = function(x0, y0, xi, yi) {
  deltax <- xi - x0
  deltay <- yi - y0
  if (deltay > 0 & deltax >= 0) { Angle <- atan(deltax / deltay) }
  else if (deltay == 0 & deltax >= 0) { Angle <- pi * 0.5 }
  else if (deltay <= 0 & deltax >= 0) { Angle <- pi + atan(deltax / deltay) }
  else if (deltay < 0 & deltax < 0) { Angle <- pi + atan(deltax / deltay) }
  else if (deltay == 0 & deltax < 0) { Angle <- pi * 1.5 }
  else { Angle <- pi * 2 + atan(deltax / deltay) }
  return(Angle)
}


# 计算一株树相邻木之间的夹角并与标准角比较
AngleDiff. f <- function(Angle1, Angle2) {
  AngleDiff <- Angle1 - Angle2
  if (AngleDiff > pi) { AngleDiff <- 2 * pi - AngleDiff }
```

```
  if ( AngleDiff >= 72 * pi / 180) { AngleDiff <- 0 }
  else { AngleDiff <- 1 }
  return( AngleDiff )
}

# 计算一株林木的角尺度 Wi
w. f <- function(x0, y0, x, y) {
  Angle4 <- c( )
  for ( i in 1:4) {
    xi <- x[ i ]
    yi <- y[ i ]
    Angle4[ i ] <- Angle. f(x0, y0, xi, yi)
  }
  Angle4o <- order( Angle4 )
  count12 <- AngleDiff. f( Angle4[ Angle4o[ 2 ] ], Angle4[ Angle4o[ 1 ] ] )
  count23 <- AngleDiff. f( Angle4[ Angle4o[ 3 ] ], Angle4[ Angle4o[ 2 ] ] )
  count34 <- AngleDiff. f( Angle4[ Angle4o[ 4 ] ], Angle4[ Angle4o[ 3 ] ] )
  count41 <- AngleDiff. f( Angle4[ Angle4o[ 4 ] ], Angle4[ Angle4o[ 1 ] ] )
  count <- ( count12 + count23 + count34 + count41 ) / 4
  w <- count
  return( w )
}
```

对群落或林分整体格局的判断，统计观察范围内所有林木的分布状态，去除边缘变异的影响后，计算角尺度均值 $\overline{W}$ 或 W_i 的分布即可。随机分布时 $\overline{W}$ 取值范围为 $[0.475, 0.517]$。当 $\overline{W} > 0.517$ 时为团状分布；$\overline{W} < 0.475$ 时为均匀分布。$\overline{W}$ 用公式表示为：

$$\overline{W} = \frac{1}{N} \sum_{i=1}^{N} W_i \qquad (1\text{-}5)$$

其中，N 表示林分内林木株数。

针对同一林分也可以统一采用 6 或 8 株最近相邻木分析。但要特别明确的是，不同结构体大小所对应的标准角 α_0 取值不同，角尺度的随机分布置信区间也不同，需要应用相应的判别标准。

角尺度通过分析相邻木分布是否均匀来判断林木的分布格局，解决了经典方法必须测距或设置样方才能准确获得林木分布格局的难题。角尺度对格局类型的判断，以林木空间关系为基础，比单纯的以距离分布判断点格局具有更多的实际意义，能够直接指导森林经营，使林木分布格局调整以及森林结构重建(指导近自然化造林)成为现实。

1.3.2.2 混交度

混交度(M_i)用来说明混交林中树种空间隔离程度(Gadow and Füldner，1992)。它被定义为中心木 i 的 4 株最近相邻木中与中心木不同树种林木占的比例，用公式表示为：

$$M_i = \frac{1}{4}\sum_{j=1}^{4} 1(m_j \neq m_i); \ M_i \in [0, 1] \tag{1-6}$$

其中，M_i 为第 i 株中心木的混交度取值；m_j 和 m_i 分别为树 i 和 j 的树种；$1(m_j \neq m_i)$ 为指示函数，当满足括号中条件，该函数为 1，否则为 0。

混交度表明了任意一株树的最近相邻木为其他树种的概率。当考虑中心木周围的 4 株相邻木时，M_i 的取值有 5 种，其不同形式如图 1-3，第 2 行。

针对特定结构体来说，这 5 种可能对应于通常所讲混交度的描述，即零度、弱度、中度、强度、极强度混交，表明任意林木在其结构体中树种的隔离程度，其强度同样以中度级为分水岭。为了便于使用，以下给出应用 R 计算混交度的自定义函数。

```
# 计算一株林木的混交度 Mi
m. f <- function(Near5) {
  m0 <- Near5[1,] $ m
  mi <- Near5[2:5,] $ m
  count <- 0
  for (i in 1:4) {
    if (mi[i] - m0 ! = 0) count <- count + 1 }
  m <- count / 4
  return(m)
}
```

实际应用混交度比较群落或林分树种隔离程度时，通常分析各林分的混交度均值（$\bar{M}$）。对于单优或多优种群亦可采用分树种统计的方法，以获得任意树种在整个林分中的混交情况。计算混交度均值的公式为：

$$\bar{M} = \frac{1}{N}\sum_{i=1}^{N} M_i \tag{1-7}$$

1.3.2.3　大小比数

为了进一步考察林木的大小分化度，惠刚盈等（1999）等提出了大小比数。大小比数（U_i）被定义为中心木 i 的 4 株相邻木中，大于中心木的林木的比例，用公式表示为：

$$U_i = \frac{1}{4}\sum_{j=1}^{4} 1(d_j \geqslant d_i); \ U_i \in [0, 1] \tag{1-8}$$

其中，U_i 为第 i 株中心木大小比数值；d_j 和 d_i 分别表示林木 i 和 j 的大小指标，可用胸径、树高、冠幅或其他可以代表林木大小的指标；$1(d_j \geqslant d_i)$ 为指示函数，当满足括号中条件，该函数为 1，否则为 0。

大小比数表达的是在结构体中中心木的相对竞争态势，其定义与林木竞争指数取值大小所表示的生态意义相似。一般来说，某林木竞争指数值越大，表明该林木承受的竞争压力越大，相反，竞争指数越小，表明该林木具有更大的竞争优势。U_i 的可能取值范围及其意义如图 1-3，第 3 行。

针对特定结构体来说，这5种可能的取值分别对应于通常对树木竞争状态的描述，即优势、亚优势、中庸、劣态、绝对劣态，它明确定义了被分析的中心木在该结构体中所处的生态位，且其生态位以中度级为分水岭。为了便于使用，以下给出应用 R 计算大小比数的自定义函数。

```
# 计算一株林木的大小比数 Ui
u. f <- function( Near5 ) {
  h0 <- Near5[ 1, ] $ hi
  hi <- Near5[ 2:5, ] $ hi
  count <- 0
  for ( i in 1:4 ) {
    if ( hi[ i ] >= h0 )
      count <- count + 1
  }
  u <- count / 4
  return( u )
}
```

依树种计算的大小比数的均值($\overline{U}_{sp}$)在很大程度上反映了林分中的树种优势。可用下式计算：

$$\overline{U}_{sp} = \frac{1}{N_{sp}} \sum_{i=1}^{N_{sp}} U_{isp} \tag{1-9}$$

式中：N_{sp} 为所观察的给定树种 sp 的株数；U_{isp} 为第 i 株该树种大小比数的值。

$\overline{U}_{sp}$ 的值愈小，说明该树种在某一大小标记（胸径、树高或冠幅等指标）上愈优先，依次计算各树种 $\overline{U}_{sp}$ 值，升序排列即可明了林分中所有树种在某一大小指标上的优劣程度。

大小比数通过判断最近相邻木中比中心木大的林木比例，量化了中心木与其相邻木的相对大小关系，直观地表达了中心木与相邻木的大小分化程度。大小比数是表达树种优势度和林木竞争的重要因子，分树种统计的大小比数均值在很大程度上反映了树种在林分中的优势程度。

1.3.2.4　密集度

林木密集程度是林分空间结构的重要属性。传统的描述林分密集程度的指标主要有疏密度和郁闭度，由于这些指标均是针对林分整体而言，并不适于反映单株林木所处小环境的密集程度。胡艳波和惠刚盈（2015）以结构体为基础，提出了基于4株相邻木关系的密集度概念，通过判断结构体中树冠连接程度分析林木密集程度。

一般认为，当林分的冠层连续时，树冠连接在一起对地面形成覆盖，这时相邻的树冠可能发生垂直方向上的遮挡或水平方向上的挤压，于是相邻树冠水平投影发生全部或部分重叠，这种情况下相邻树木的冠幅半径之和会大于它们的水平间距，此时林木的密集程度较高；反之，如果林分的林冠层不连续，相邻树冠就会保持相对独立，没有接触、遮挡和挤压的情况，树冠水平投影要么相切要么留有空隙，冠幅半径之和小于或等于水平间距，此时林木比较稀疏。因此，从相邻树木的树冠与两者水平距离的关系就可以清楚地判断出林木的密集程度(图1-6)。

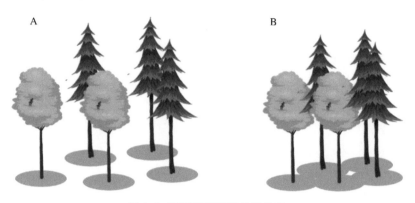

图1-6　不同密集程度的结构体

图1-6中A和B两个结构体由完全相同的4株相邻木组成，因此其树种组成、林木大小(和大小变异)以及水平格局都是完全相同的，用角尺度、混交度和大小比数等结构参数分析没有差异。但是B的林木树冠之间发生了水平挤压和垂直遮挡，密集程度显然高于A。由此可知，对于两个在水平格局、混交程度和大小分化程度上基本相同的结构体来说，密集程度是区别它们的重要标准之一。在结构体的基础上，根据中心木和其最近相邻木的冠幅大小与水平距离的关系，构建密集度(C_i)这一空间结构参数。

密集度的定义为中心木与最近4株相邻木树冠连接的株数的比例。树冠连接是指相邻树木的树冠水平投影重叠，包括全部重叠或部分重叠，树冠刚刚相切或完全不接触都不属于连接。计算公式为：

$$C_i = \frac{1}{4}\sum_{j=1}^{4} 1(r_{ij} > l_{ij}) ; \ C_i \in [0, 1] \quad\quad\quad (1\text{-}10)$$

其中，C_i为第i株中心木的密集度取值；r_{ij}表示相邻木j和i的树冠半径之和；l_{ij}表示相邻木j到i的距离；$1(r_{ij}>l_{ij})$为指示函数，当满足括号中条件，该函数为1，否则为0。

密集度通过判断结构体中树冠的连接程度分析林木疏密程度。针对特定结构体来说，C_i的取值有5种，其取值含义及示意如图1-3，第4行。当$C_i=1$时，可认为结构体很密集；$C_i=0.75$，比较密集；$C_i=0.5$，中等密集；$C_i=0.25$，稀疏；$C_i=0$，很稀疏。这5种可能的取值明确地定义了中心木所在的结构体的林木密集程度，程度的高低以中度级为分水岭。为了便于使用，以下给出应用R计算密集度的自定义函数。

```
# 计算一株林木的密集度 Ci
c. f <- function( Near5) {
  c0 <- Near5[ 1,] $ ci
  x0 <- Near5[ 1,] $ x
  y0 <- Near5[ 1,] $ y
  Near4 <- Near5[ 2:5,]
  count <- 0
```

```
for (i in 1:4) {
  if (sqrt((Near4[i,] $ x – x0)^2 + (Near4[i,] $ y – y0)^2) < ((Near4[i,] $ ci + c0) / 2)) {
    count <- count + 1
  }
}
c <- count / 4
return(c)
}
```

密集度量化了林木树冠的密集程度。C_i 越大说明林木密集程度越高，中心木所处小环境树冠越密，树冠越连续覆盖在林地上方。C_i 越小说明林木密集程度越低，林木越稀疏，树冠之间出现的空隙越大。在某些林分空间结构简单的地段，林隙越大还意味着林地裸露面积越大。

C_i 的均值 $\bar{C}$ 可以反映出一个林分中林木个体所处小环境密集程度的总体态势，可采用下式：

$$\bar{C} = \frac{1}{N}\sum_{i=1}^{N} C_i \tag{1-11}$$

密集度通过判断中心木与最近相邻木树冠是否连接来量化微环境中林木树冠的拥挤程度。解决了林木所处竞争微环境中拥挤程度的量化表达。

参考文献

胡艳波，惠刚盈，2015. 基于相邻木关系的林木密集程度表达方式研究[J]. 北京林业大学学报，37(9)：1-8.

惠刚盈，克劳斯·冯佳多，2003. 森林空间结构量化分析方法[M]. 北京：中国科学技术出版社.

惠刚盈，克里斯·冯佳多，马修·阿尔伯特，1999. 一个新的林分空间结构参数——大小比数[J]. 林业科学研究，12(1)：1-6.

惠刚盈，2013. 基于相邻木关系的林分空间结构参数应用研究[J]. 北京林业大学学报，35(4)：1-9.

Aguirre O, Hui G, Gadow Kv, et al. , 2003. An analysis of spatial forest structure using neighborhood-based variables[J]. Forest and Ecology Management, 183(1-3)：37-145.

Brown C, Law R, IIlian JB, 2011. Linking ecological processes with spatial and non-spatial patterns in plant communities[J]. Journal of Ecology, 99(6)：1402-1414.

Clark J, Evans C, 1954. Distance to nearest neighbor as a measure of spatial relationships in populations[J]. Ecology, 35(4)：445-453.

Gadow Kv, Zhang CY, Wehenkel C, et al. , 2012. Forest structure and diversity[J]. Continuous cover forestry, Managing forest ecosystems, 23(2)：29-83.

Gadow Kv, Füldner K, 1992. Zur methodik der bestandesbeschreibung[M]. Klieken：Vortrag anlässlich der Jahrestagung der AG Forsteinrichtung.

Gadow Kv, 2003. Design and analysis of forest development[J]. Forstwissenschaftliches Centralblatt, 122(4).

Gamfeldt L, Snall T, Bagchi R, et al, 2013. Higher levels of multiple ecosystem services are found in forests with more tree species[J]. Nature Communications, 4, 1340.

Pastorella F, Paletto A, 2013. Stand structure indices as tools to support forest management：an application in

Trentino forests[J]. Journal of Forest Science, 59(4): 159-168.

Pommerening A, 2006. Evaluating structural indices by reversing forest structural analysis[J]. Forest Ecology and Management, 224(3): 266-277.

Ripley BD, 1977. Modelling spatial patterns[J]. Journal of the Royal Statistic Society, Series B, 39(2): 172-192.

Sanderson MA, Taube F, Tracy B, et al., 2002. Plant species diversity relationships in grasslands of the northeastern USA and northern Germany[C]. Multi-function Grasslands: Quality Forages, Animal Products & Landscapes General Meeting of the European Grassland Federation, La Rochelle, France, May.

Spies TA, 1997. Forest stand structure, composition, and function[M]. In: Creating a forestry for the 21st century: the science of ecosystem management. Oxford University Press.

Wiegand T, Moloney KA, 2013. Handbook of spatial point-pattern analysis in ecology[M]. Boca Raton: CRC Press.

Zenner EK, Hibbs DE, 2000. A new method for modeling the heterogeneity of forest structure[J]. Forest Ecology and Management, 129(1): 75-87.

## 第二章

调　查

2.1　林分密度和断面积的估计

　　森林生态的可持续发展和经营管理实践都离不开森林调查的支持。林业工作者经常面临选择正确的方法来测量和获取群落特征的准确科学信息的问题(Pique et al.，2011)。维持生态系统和规划森林管理的先决条件要求采用高质量的调查方法，以获得适当的定性和定量信息(Bowering et al.，2018)。

　　森林调查通常可以分为两种数据收集策略：全面调查和抽样调查。全面调查要求将所观测的范围内对所有个体进行每木调查(Zhang et al.，2019)。显然，全面调查可以提供最精确的信息(McRoberts et al.，2015)。有关全面调查的方法和操作流程可详见《森林空间结构量化分析方法》(惠刚盈和克劳斯·冯佳多，2003)一书的5.3节。

　　然而，天然林由于其地势复杂陡峭、植被和实施条件复杂、人力和时间的成本制约(McRoberts et al.，2015)，自然环境带来的种种困难往往使全面调查成为一项艰巨甚至不可能完成的任务(Ozanne and Leather，2005；Pique et al.，2011)。出于及时性、成本或实用性的原因，数据通常是通过收集代表性样本的调查获得。在这种背景下，抽样调查成为一种可行的替代方法(Bostoen et al.，2007)。不同抽样调查方法对天然群落特征信息的收集具有重要的影响。适宜的方法可以在保证精度的前提下，最大限度降低调查成本。基于距离的抽样方法因其在估算生物种群特征中的优异表现得到更广泛的应用。

　　基于距离的抽样方法在森林资源清查中有着悠久的历史。在国内外颇为流行的角规抽样方法(Bitterlich，1984)是距离抽样的一种特殊表现形式(Engeman et al.，1994)，具有完美的估计能力(Fewster et al.，2008)。经典的n-树距离抽样方法(n-tree distance sampling，NTD)由于估算生物种群密度、丰富度的有效性，在林木调查实践中受到越来越多的关注(Fewster et al.，2008；Kenning et al.，2011)。尤其在高密度森林或困难地形中表现出色(Engeman et al.，1994)。Sheil等(2003)认为该方法"简单紧凑"且"易于应用"。NTD也被称为k-树法、点对树、密度自适应、固定计数和距离抽样(Sheil et al.，2003；Kleinn and Vilčko，2006a；Köhl et al.，2006；Haxtema et al.，2012)。在生态学方法中，被称为无样方法(Engeman et al.，1994)。基于无样方法的密度估计是一种依赖距离的密度估计方法，可以有效克服样方法对稀疏种群密度估计的限制(Engeman et al.，1994)。

　　林分密度和断面积是森林的两个最基本的特征。监测群落大小和群落结构是了解和管理森林生态系统的关键先决条件，可为后续森林经营与实践的规划、实施提供及时和准确的信息(Bostoen et al.，2007)和易于操作的技术支持(Motz and Pommerening，2010)。为了评估不同距离抽样调查方法在浙江山地天然林中对密度和断面积调查的适用性，以确定一种统计上合理、实践上可行的调查方法，可为大面积量化该地区林分特征提供简便高效的方法，这对浙江山地天然阔叶林的大规模野外调查和经营管理实践至关重要。

我们以乌岩岭天然阔叶林固定监测样地的全面调查数据为例，进行计算机模拟抽样，分别应用 NTD、象限法（point-centered quarter, PCQ）和 T 方法（T-square, Ts）等基于距离的抽样调查方法，配合常见的估计函数对林分的密度和断面积的抽样数据与全面调查数据进行分析与误差比较。在这项研究中，之所以选择了浙江山地天然林作为研究对象而不是人工林，主要原因在于人工林无论地势、结构、树种组成等都相对简单，而在方法性研究中，通常需要更普适性的结论，以适宜最困难情况的林分调查，因此选择了浙江山地天然林作为研究对象，以确保这一方法在浙江地区的普适性。

乌岩岭国家级自然保护区地处中亚热带南北亚地带分界线上，是中国南、北植物汇流之区，形成多种生境的交叉地带。该地区受东亚季风的影响，四季分明，地形复杂，气候优越，植物资源非常丰富，留存有我国华东地区最为完善的大面积原生性中亚热带常绿阔叶林，分布着较多的古老和珍稀树种以及中国特有树种（雷祖培等，2009），其生态系统在中国具有不可替代的重要意义。古老的地质结构、特定的气候因素、优越的水热条件、高度的生物多样性和稀有动、植物物种的存在成为该地区天然林的独特优势。由于该地区天然林在各个方面不可替代的作用，监测这一宝贵资源可为经营管理与实践提供重要参考信息。

乌岩岭国家自然森林保护区（119°37′08″~119°50′00″E，27°20′52″~27°48′39″N）样地的基本特征见表2-1。保护区年平均降水量达 2195.8 mm，空气平均相对湿度在 85% 以上。降水主要发生在每年 5~6 月，占 29%；11 月至翌年 2 月最少，占 13%；主要生长季节为 3~10 月。年平均气温为 14.0 ℃。保护区土壤包括红壤和黄壤两类，其中海拔 600 m 以下为红壤类，以上为黄壤类。调查林分平均林龄在 50~60 年，样地大小为 100 m×100 m。对胸径大于 5 cm 的林木进行每木定位，记录其树种、胸径、树高、冠幅等信息。为了减少空间分布对密度估计造成的误差，研究各选取 2 块聚集分布的林分和 2 块随机分布的林分进行分析。

表 2-1　群落基本特征

样　　地	1	2	3	4
密度（株/hm²）	2137	2774	2402	2182
断面积（m²/hm²）	33.91	41.11	37.67	39.29
水平格局	聚集	聚集	随机	随机

2.1.1　模拟调查

计算机技术的进步，包括适用于生态学和森林研究的开放源码统计软件包的可用性，有助于改进森林调查中抽样方法的研究。在比较不同抽样方法的效率时，可大幅度减少野外工作，并改进或比较不同抽样方法或估计函数的性能（Engeman et al., 1994；Kleinn and Vilćko, 2006b；Magnussen, 2012）。

因此这项研究采用了模拟调查开展研究而非现地抽样。模拟网格抽样设计框架中的所有可能的抽样单元并从中获取越来越多样本的方法及其过程。该过程包括 3 个步骤：①定义不同的抽样方法(NTD、PCQ 和 T-squre);②逐渐增加抽样点和样本并进行估计;③比较每一次估计结果与实际林分密度、断面积之间的误差。

2.1.1.1 抽样框架和抽样单元

抽样总体是指所有可能的样本单元的集合(McRoberts et al., 2015),通常首选规则网格抽样设计框架。本研究采用系统抽样进行抽样点的设置,使用固定的网格以规则模式分布在样地中(图 2-1)。系统抽样的优点是,它可以最大限度地扩大样本之间的平均距离,可有效保证抽样点较为均匀地分布在总体内,从而最大限度地减少了观测值之间的空间相关性,提高了代表性和抽样效率,也可以提高统计精度。设定每一个潜在抽样点的好处在于,固定抽样框架内每个抽样点并模拟概率抽样,可能的抽样点位置对样本具有相同的选择概率,以此来取代主观判断(McRoberts et al., 2015)。在抽样框架内,抽样采用不可放回抽样方法。

本研究在大小为 100 m×100 m 的林分中每行、列各设置 27 个抽样点,因此林分共设置抽样点 27×27＝729 个。边缘附近的抽样单元中心到林分最近边缘的最小距离为 1.873 m。对所有抽样点编号。当林分大小固定时,潜在抽样点的数量和位置固定。

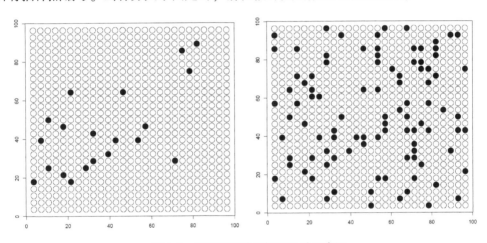

图 2-1 规则网格抽样框架设计示意图

注:抽样大小 $n=20$(左);抽样大小 $n=100$(右)。图中,白色空心圆为潜在抽样点,黑色实心圆为抽中的抽样点。

2.1.1.2 抽样和估计方法

研究应用了 3 种常用的距离抽样方法,结合不同的密度和断面积(表 2-2)的估计方法进行测试。图 2-2 显示了不同抽样方法的原理。

NTD:选择距离抽样点最近的 n 个个体,对不同估计方法,测量其中 1 个或几个个体的距离和胸径。Wang 等(2016)的研究表明,基于 4 株相邻木的抽样方法是精度和实际森林管理成本之间的最佳折中。因此,我们在本研究中使用了 $n=4$ 为最多的相邻木株数。

PCQ:以点为中心的 1/4 法是一种传统的抽样方法,可追溯到 19 世纪(Engeman et al., 1994)。PCQ 将抽样区域分成若干个部分。本研究采用了 $n=4$(Morisita, 1960)。抽样点周围的区域被划分为 4 个 1/4 的扇形区域。同 NTD 方法一样,根据不同估计方法,测量其中 1 个或几个个体的距离和胸径。

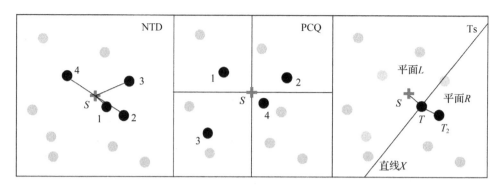

图 2-2　不同抽样方法原理示意图

注：十字为抽样点，黑色实心圆为需要调查的林木。

Ts：首先确定抽样点 S，从该抽样点开始，测量距离 S 距离最近的林木 T，并与 S 形成一条直线 ST，X 是经过 T 且垂直于 ST 的另一条直线，将整个林分分割为 L 和 R 两个平面。L 代表包含 S 的平面，R 代表不包含 S 的平面。测量 R 中距离 T 最近的林木 T_2（Silva et al.，2017）。

无放回抽样要求为指定数量的抽样点找到坐标。每次随机选择一个点，直到选择所有抽样点。每一次循环，我们都用抽样数据和不同的函数计算林分密度和断面积，并与实际数据比较。我们使用了 1000 次迭代并计算了 1000 个结果的均值。然后，针对密度和断面积在不同的抽样强度下（以抽样点的比例衡量），评估不同估计函数的效率。

使用均方根误差 RMES 评估每种估计方法的性能（式 2-1）。RMSE 全面描述了特定抽样设计和样本量之间的准确性，允许在不同属性和研究对象之间进行标准化的比较（Haxtema et al.，2012）。RMSE 对偏差敏感，RMSE 越大，偏差越离散，RMSE 越小，方法越稳健。

$$\text{RMSE} = \sqrt{\frac{\sum_1^m (\hat{y} - y)^2}{m - 1}} \tag{2-1}$$

其中，y 表示种群密度或林分断面积的实测值；$\hat{y} = \sum_1^{1000} \hat{y}_i / 1000$，为 1000 次模拟估计的平均值；$\hat{y}_i$ 表示第 i 次循环中的估计值；m 表示抽样点个数。

所有模拟和计算程序使用 R 开发（Version 3.5.1，R Development Core Team，2020）。

表 2-2　林分密度和断面积估计函数

抽样方法	估计方法	密度估计	断面积估计	参考文献
NTD	NTD1	$\hat{\lambda} = \dfrac{10000}{m} \sum_{i=1}^{m} \dfrac{(n - 0.5)}{\pi r_i^2}$	$\hat{G} = \dfrac{10000}{m} \sum_{i=1}^{m} \left[\dfrac{\sum_{j=1}^{n-1} g_{ij} + 0.5 g_{in}}{\pi r_i^2} \right]$	（Prodan，1968）

（续）

抽样方法	估计方法	密度估计	断面积估计	参考文献
	NTD2	$\hat{\lambda} = \dfrac{10000}{m}\sum_{i=1}^{m}\dfrac{(n-1)}{\pi r_i^2}$	$\hat{G} = \dfrac{10000}{m}\left(\dfrac{n-1}{n}\right)\sum_{i=1}^{m}\left[\dfrac{\sum_{j=1}^{n} g_{ij}}{\pi r_i^2}\right]$	(Eberhardt, 1967; Lynch and Rusydi, 1999)
	NTD3	$\hat{\lambda} = \dfrac{40000m}{\pi \sum_{i=1}^{m} r_i^2}$		(Pollard, 1971)
PCQ	PCQ1	$\hat{\lambda} = \dfrac{160000m^2}{\left(\sum_{i=1}^{m}\sum_{j=1}^{n} r_{ij}\right)^2}$		(Cottam et al., 1953; Mitchell, 2010)
	PCQ2	$\hat{\lambda} = \dfrac{160000m}{\pi \sum_{i=1}^{m}\sum_{j=1}^{n} r_{ij}^2}$	$\hat{G} = \dfrac{\hat{\lambda}}{4m}\sum_{i=1}^{m}\sum_{j=1}^{4} g_{ij}$	(Pollard, 1971)
	PCQ3	$\hat{\lambda} = \dfrac{40000(4m-1)}{\pi \sum_{i=1}^{m}\sum_{j=1}^{n} r_{ij}^2}$		(Pollard, 1971)
Ts	Ts1	$\hat{\lambda} = \dfrac{10000}{4\left(\dfrac{\sum_{i=1}^{m} C_i}{m}\right)^2}$	$\hat{G} = \dfrac{\hat{\lambda}}{m}\sum_{i=1}^{m} g_c$	(Cottam et al., 1953; Murn et al., 2013)
	Ts2	$\hat{\lambda} = \dfrac{10000}{2.778\left(\dfrac{\sum_{i=1}^{m} d_i}{m}\right)^2}$	$\hat{G} = \dfrac{\hat{\lambda}}{m}\sum_{i=1}^{m} g_d$	(Cottam et al., 1953; Murn et al., 2013)
	Ts3	$\hat{\lambda} = \dfrac{10000}{2.778\left(\dfrac{\sum_{i=1}^{m}[(C_i + d_i)/2]}{m}\right)^2}$		(Murn et al., 2013)
	Ts4	$\hat{\lambda} = \dfrac{20000m}{\pi \sum_i^m C_i^2 + 0.5\pi \sum_i^m d_i^2}$	$\hat{G} = \dfrac{\hat{\lambda}}{2m}\sum_{i=1}^{m}(g_c + g_d)$	(Diggle, 1975)
	Ts5	$\hat{\lambda} = \dfrac{20000m}{\pi \sqrt{\left(\sum_i^m C_i^2\right)\left(0.5\pi \sum_i^m d_i^2\right)}}$		(Diggle, 1975)
	Ts6	$\hat{\lambda} = \dfrac{10000m^2}{\left(2\sum_i^m C_i\right)\sqrt{2}\left(\sum_i^m d_i\right)}$		(Byth, 1982)

表 2-2 中，$\hat{\lambda}$：估计的林分密度（株/hm²）；$\hat{G}$：估计的每公顷断面积（m²/hm²）；n：抽样点测量的最近 n 株相邻木，本节 $n=4$；r_i：第 i 个抽样点到第 n 株林木的距离；g_{ij}：在抽样点 i 测量的第 j 株相邻木的断面积；g_{in}：在抽样点 i 测量的第 n 株相邻木的断面积；r_{ij}：第 i 个抽样本点到第 j 个扇区中最近个体的距离；C_i：抽样点 i 到最近相邻木的距离；g_c：离第 i 个抽样点最近的个体的断面积；d_i：最近相邻木到其最近相邻木的距离；g_d：最近相邻木到其最近相邻木的断面积。

2.1.2 密度的估计

对林分密度的估计数据分别进行拟合,如图 2-3(左)。结果发现,NTD 方法采用 $n=4$ 株相邻木时,3 种不同的密度估计函数得到了不同的估计结果。在所有 4 块样地中,NTD1 的估计值大于 NTD2 和 NTD3。应用 NTD1 得到的估计密度随着抽样样本的增大,变化幅度较小,但均出现了高估的结果,大于实际密度 10%~20%。应用 NTD2 进行密度估计时,普遍小于 NTD1 的估计结果,保持在实际密度上下 10% 左右。样地 1、2、3 的估计密度均大于实际密度,样地 4 的估计密度逐渐接近实际密度。应用 NTD3 得到的估计结果均小于实际密度 10%~20%。

所有 4 块样地中,采用 PCQ 方法时不论应用哪种密度估计函数,其估计结果均小于 NTD 方法,且均低估了密度。其中,PCQ1 的估计值均大于 PCQ2 和 PCQ3,小于实际密度约 10%~20%。而 PCQ2 和 PCQ3 的估计值随着样本量的增大逐渐重合。样地 1 中,两种方法的估计值小于实际密度 10%~40%。在样地 1、4 中为所有方法得到的最小估计。

Ts 方法在估计值趋于稳定后均低估了密度。其中,Ts1 只采用了抽样点距最近 1 株相邻木的距离(C_i),相当于 NTD 方法 $n=1$ 时的情形。这种方法的估计结果与 PCQ1 较为接近,均小于实际密度 10%~40%。Ts2 采用了距抽样点最近林木与其相邻木之间的距离(d_i),结果发现这种方法无论在聚集样地还是随机样地,均出现了密度低估的结果,且在所有样地中均小于 Ts1 的估计值。在样地 2、3 中为所有方法估计的最小值。

Ts3、Ts4、Ts5 和 Ts6 均采用 C_i 和 d_i 两个距离估计密度。然而依然全部呈现出密度低估的结果。所有方法的估计值均高于或接近于 PCQ1 和 Ts1。其中 Ts3 和 Ts6 的结果较为接近,两条曲线基本重合。Ts4 均低于以上两种方法。Ts5 当样本量小于 300 时,相对于其他方法变化幅度较大,尤其在样地 2、3 中,Ts5 先高估了密度,后随样本量的不断增加,估计值持续减小,最终低于实际密度。

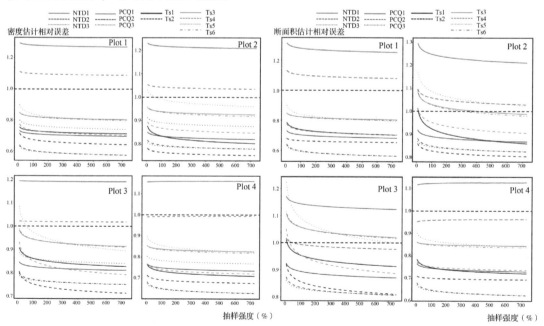

图 2-3 密度的估计(左)和断面积的估计(右)

2.1.3　断面积的估计

对断面积估计数据分别进行拟合,如图2-3(右)。与密度估计的结果类似,NTD1在4块样地中均高估了断面积,在样地1、2中高估可达30%左右。且NTD1的估计值通常高于其他方法。NTD2在样地1和2中出现了高估的情况,但在3和4中出现了低估的情况,无论哪种情况,其估计值都可达到实际断面积的90%。

PCQ的3种方法均出现断面积低估的结果,且PCQ1高于PCQ2和PCQ3。当样本量较小时,PCQ2的估计值略高于PCQ3,随着样本量的增加,两条曲线重合。其中在样地1、3、4中,PCQ2和PCQ3达到了最低值。在样地2中,两种方法为次低值。

Ts1和Ts2仍然出现低估的结果,且在样地2中,Ts2达到了最低值,在其他样地中为次低值。这两种方法分别采集了距抽样点最近林木的胸径和距第一株林木最近相邻木的胸径,结合估计的样地密度进行林分断面积的估算,因此Ts1和Ts2两条曲线与密度估计结果基本相同。Ts3和Ts6估计曲线基本重合,且在不同样地中的表现不稳定。在样地2中接近实际断面积,在样地3中先是高估断面积,继而逐渐逼近,然而在样地1和4中却出现低估20%的情况。Ts4均表现为低估。Ts5仍旧出现较大幅度的变化。在样地1和4中低估,在样地2和3中先是严重高估,又随着样本量的增加逐渐趋近实际值。

2.1.4　精确性分析

应用 $y=\dfrac{ax}{b+x}$ 对群落大小的RMSE数据分别进行拟合得到密度的均方根误差,如图2-4(左)。与密度估计结果一致的是,NTD2的估计效果较为稳定,相较其他方法误差最小(<250),见样地1、3、4。而在样地2中,NTD2为次小值,Ts5的误差最小,这是由于在样地2中Ts5的估计值也较为接近实际密度[图2-3(左)]。

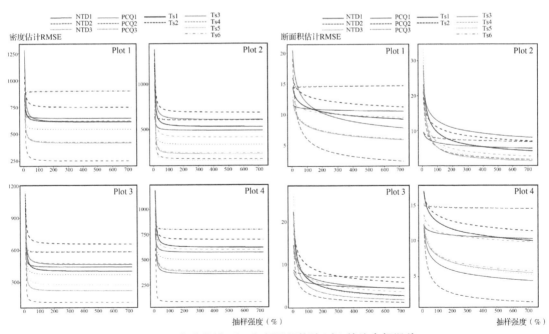

图2-4　密度估计(左)和断面积估计(右)的均方根误差

PCQ2 和 PCQ3 的误差曲线基本重合，与 Ts2 的误差都相对较大，在 4 块样地中通常为最大值和次大值，为 700~900。其他方法的误差均处于这两组结果中间。

Ts3 和 Ts6 的误差曲线基本重合，在 4 块样地中均低于 NTD3 和 Ts4，且通常处于较低的水平，在样地 1 和 3 中为次低值，在样地 2 和 4 中与次低值相差不大。

与密度拟合不同的是，应用 $y=ax^b$ 对断面积的 RMSE 数据分别进行拟合得到均方根误差，如图 2-4(右)。结果可见，断面积的误差曲线随着样本量的增加逐渐趋近于 0，且更不易于达到稳定。

NTD1 的估计效果不稳定，在样地 2 中误差最大，在样地 4 中为次小值。NTD2 与密度结果一致的是，对于断面积的估计效果仍为最佳，相较其他方法误差最小(<5)，见样地 1、3、4。而在样地 2 中，NTD2 为次小值。虽然 Ts5 在样地 3 中获得了最小误差，然而却无法得到最小断面积误差，Ts3 的误差最小。

PCQ2 和 PCQ3 的误差曲线仍然保持基本重合，且与 Ts2 的误差都相对较大，通常为最大值和次大值，处于 8~15。其他方法的误差均处于这两组结果中间。

2.1.5　不同方法的比较

在这项研究中，根据从全面调查森林中收集的实际特征均值，比较了三种抽样方法和多种估计函数。结果支持了之前的假设，即 NTD 方法表现更好。NTD2 在估计密度和断面积时表现最好，误差最小。NTD1 高估了聚集和随机分布样地的密度和断面积，因此不推荐；Ts3、Ts5 和 Ts6 通常给出类似的结果，低估密度，且 RMSE 大于 NTD2，但这三种方法估算的密度和断面积的 RMSE 小于其他方法。考虑到 NTD 抽样方法需要评估并测量第 4 株相邻木的距离，而 Ts 方法需要两株，因此 Ts3、Ts5 和 Ts6 可以在特定条件下使用，例如在非常陡峭或稀疏森林中。PCQ 抽样方法的估计结果不令人满意，也不推荐使用。而基于单距离的 Ts1 和 Ts2 抽样方法 RMSE 较大，低估了密度和断面积。

NTD 和 PCQ 同样需要判别 4 株相邻木。我们的经验是，除非在密度较为稀疏的林地上，调查的过程中很容易肉眼判断离调查点最近的 4 株相邻木。

Beasom 和 Haucke(1975)在早期比较了 4 种基于距离的抽样方法以评估林分密度，认为 PCQ 效果最好，NTD 最差。在以前应用 PCQ 方法时，由于从每个随机定位的点测量了 4 株相邻木，以点为中心的 PCQ 方法估算出的每株树的平均断面积比实际高出 30%~50%。在有明显的小树丛生的林分中高出 100%以上。这可以解释某些研究中得到比实际断面积大的结果(Mark et al.，1964；Wells and Mark，1966)。本研究采用系统抽样方法确定抽样点后，有效避免系统误差，PCQ 得出了断面积低估的结果。

虽然 PCQ 方法看上去似乎和最近 4 株相邻木的调查方法非常相似，然而对于林业工作者来说，首先要确定的是划分四象限和分辨四象限的方向。这对于野外工作也增加了一定的工作量。即便在进行计算机模拟操作时，确定象限也增加了程序计算的额外时间。且本研究的结果表明，无论是对密度还是断面积的估计，这种方法显然并不能有效地减小误差。即使是出于研究目的也不推荐这种技术。Stuart-Hill(2010)总结了这种方法的几个缺陷：①耗时；②有时很难识别不同象限内的单个植物，尤其是萌生林；③林分密度较大或能见度较弱的森林内，方向辨别较为困难。

一般来说，T 方法抽样对非随机分布的林分更为稳健(Greenwood and Robinson，

2006），但该方法不要求完全的空间随机性。估算种群密度的两种最简单的基于距离的方法测量了随机点与其最近树之间的距离或随机选择的树与其最近树的距离。如果群落中的个体是完全随机分布的，那么这两种方法是等价的。如果群落为聚集分布，随机性假设就没有意义，这两种方法都有偏差。但两种方法在估计群落密度时的偏差往往相反。这是因为从随机放置的抽样点到种群中最近的个体（点到个体）的平均距离可能会增加。相反，在聚集的群落中，从一个个体到其最近相邻木（个体到个体）的平均距离减小（Bostoen et al.，2007）。与依赖于单个距离测量的任何估计方法相比，同时使用这两种距离可以提高精确性。在我们的研究中，Ts1 收集了抽样点到最近的树之间的距离，而 Ts2 使用了第一棵树到其最近相邻木之间的距离。两种方法对密度和断面积的估计表明，Ts1 的 RMSE 小于Ts2。因此，我们得到了相同的结果：相对来说，基于点到树距离的方法比基于树到树的方法偏差更小。然而本研究针对聚集分布和随机分布的林分进行估计发现，该方法估计精度欠佳，且只有基于两个距离的估计方法才能在一定程度内减小误差。相较于 NTD 方法，虽然只需判断两株林木的距离，但 Ts 同时要求判别两株林木与抽样点之间的方位，并测量两个距离。NTD 方法虽表面看需要判别 4 株林木距抽样点的距离，但实际测量只需要第4 株林木的距离。在地形较为复杂的山地天然林，增加距离的测量往往成倍增加调查成本。且如果林分为巢式分布、极度聚集分布或明显比随机的更规则，密度估计的准确性将受到影响。

总的来说，NTD1 无论在聚集分布还是随机分布的样地中均会高估密度和断面积，不推荐使用；NTD2 表现较为优秀，在估计密度和断面积时误差基本保持最小，是应首先考虑采用的方法。Ts3、Ts5 和 Ts6 低估密度且误差大于 NTD2，但相较于其他方法而言，使用这三种方法估计的密度和断面积误差较小。考虑到 NTD 方法需要判别最近 4 株相邻木而 Ts 方法需要调查 2 株林木，在需要减小调查的时间和人力成本，而不需要十分精准的估计时也可以采用这 3 种方法。PCQ 方法在调查 4 株林木的基础上还需要对象限进行划分，增大了时间成本，而获得的估计结果却差强人意，因此最不推荐使用。Ts 方法中，基于单个距离的 Ts1、Ts2 方法对群落大小和断面积的估计误差都较大，同样不推荐。

至于不同方法抽样个数的确定，周红敏等（2009）报告在天然林中需要调查至少 49 个抽样点。Hall（1991）认为应用最近相邻木抽样方法只需要 15 株林木即可描述非洲林分特征。Stuart-Hill（2010）选取 100 个抽样点，物种组成的估计结果可以达到 90% 准确率。对于 PCQ 方法，抽样点个数可能为 44 ~ 360，对于 $n = 3$ 时，抽样点个数最小为 18 ~ 300（Bakus et al.，2007）。Haxtema 等（2012）推荐优先采用 4 株相邻木调查 20 个抽样点，当需要增加样本量时，首先考虑增加每个样本点相邻木的调查株数而不是抽样点的个数。然而Wang 等（2016）报告当在天然林中选取 49 个抽样点时，调查 4 株相邻木和 6 株相邻木没有显著性差异，指出基于 4 株相邻木的调查既可节约调查成本，又可保证调查精度。因此，基于以上研究的结论，推荐在天然林的野外抽样调查中，使用 NTD2 方法，$n = 4$，并保证至少有 49 个抽样点，以确保调查的精确度。

2.2 更新和幼苗种群的估计

与群落整体的抽样研究相比，更新和幼苗种群的抽样调查研究很少受到关注。在天然更新的森林中，人们往往认为幼苗不如商业栽植的林木一样重要，且测量幼苗和幼树的高度和密度在技术上具有挑战性。针对更新的调查并不能提供直接的经济效益。然而，更新潜力是生态系统动态的关键因素（Oliver and Larson，1996；Kimmins，2004）。无论天然林还是人工林，对近自然更新的需求不断增加，这将导致自然更新森林的出现（Staupendahl，1997；Puettmann et al.，2015；Pretzsch et al.，2017）。因此，生态研究很可能会越来越侧重于亚群落木本植被的特征，包括幼苗和幼树等（Reyna et al.，2019；Xu et al.，2019）。因此，需要有效的抽样设计方法来评估自然更新。

针对更新的全面调查数据很少。鉴于目前的技术手段，对幼苗种群中的每个个体进行全面测量是不可行的。抽样是以合理成本获得幼苗分布估计值的一种实用方法。样地可以是永久性的，也可以是临时的，形状和大小不同，分布方式也不同。有效抽样的特点是无偏性、小抽样误差和一致性（Cochran，1977）。无偏性意味着样本统计的数学期望等于总体参数。如果随着样本量的增加，样本值接近真实总体值，则估计值是一致的。森林抽样的理论和实践包括自 20 世纪中叶以来发展起来的各种具体方法和一般方法（Freese，1962；Kleinn and Köhl，1999；McRoberts et al.，2007；Mandallaz，2008；Gregoire and Valentine，2008；Tomppo et al.，2014；Kershaw et al.，2016；Lin et al.，2020）。评估森林中所有幼苗和幼树的物种、高度和总密度的成本可能会令人望而却步，技术挑战也势不可挡，而抽样调查将远低于全面调查的成本。在植物群落中，获得有关感兴趣种群的准确和无偏估计尤为重要。

因此，这部分研究首先描述两种更新抽样方法。正如前文所述，由于更新研究较少，这两种方法通常不为人所知，但在应用中尤其便捷有效；模拟一系列足够大的更新和幼树种群，其特征包括苗木密度、空间结构、物种丰富度和苗木高度分布的特定组合；最后比较两种抽样设计的性能，以评估幼苗和幼树的 3 个特征：物种丰富度、密度和高度。

其中，更新植被包括幼苗、幼树。这两个类别的定义：幼苗包括高度>10 cm 和<0.5 m 的所有更新个体；幼树均为树种个体，高度>0.5 m，胸径<5 cm。对于更新群落，其树种组成、密度和高度是描述整体特征的基本目标变量。我们将介绍两种有潜力评估更新群落的抽样方法，即圆形样地法和最近邻法。

2.2.1 模拟调查

令人惊讶的是，尽管存在明显的需求，但文献中很少报道野外抽样设计在估算幼苗种群方面的应用。一个罕见的例子是 Kirchhoff（2003）的抽样研究，用来评估蒙古北部 Khentii 山脉的森林更新情况。他评估了西伯利亚森林带与蒙古草原接壤的西伯利亚落叶松、白桦、西伯利亚松、冷杉和倒刺云杉的自然更新。

通常，抽样设计是使用大面积样地和来自不同森林生态系统的林分及其每木定位数据进行评估的，如 2.1 节。这些代表一系列森林密度、树种丰富度和林木大小的经验性数据可用于评估特定的抽样设计（Lin et al.，2020）。但遗憾的是，我们无法获得包含每木定位的幼苗数据的观测种群。是否存在足够大的全面调查的幼苗数据值得怀疑。因此，明显的替代方案是用密度、物种丰富度和幼苗高度的不同组合模拟幼苗种群。这种策略具有明显的经济优势，相比观测数据，可提供全方位的条件（Haxtema et al.，2012）。

2.2.1.1 抽样方法

圆形样地法（regeneration circular plot，RCP）：Staupendahl（1997）提出了一种基于 10 m² 圆形小样方的抽样方法，旨在以合理的成本提供无偏密度估计。样本的代表物种和高度由距离小样方中心最近的个体确定。评估田间幼树高度和圆大小有多种实用方法。Staupendahl 建议使用一根 1.784 m 长的绳子连接在临时固定在小样方中心的木棍上，以划定圆圈范围，从而避免计算每个幼苗的距离，简化密度评估。图 2-5（左）显示了 10 m² 估计方法的示意图。

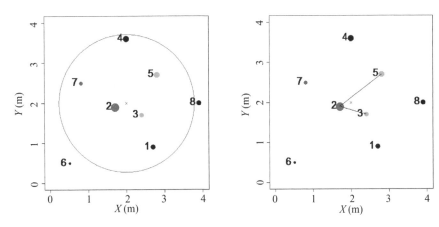

图 2-5　圆形样地法和最近邻法示意图

注：圆形样地法（左）半径为 1.784 m（小样方面积＝10 m²）；密度估计为 6×1000＝6000 株/hm²；小样方的代表树种和高度由 2 号幼树确定，该个体距中心最近；6 号和 8 号幼树不在样本内。最近邻法（右），记录离抽样点最近的 4 株植物的种类，以及距抽样点最近的树木与第 2 和第 3 近邻的距离。

该方法在评估幼树密度方面非常有效，但可能无法捕获稀有种，尤其是在抽样强度较低时。在幼树树种和高度是重要目标变量的情况下，最好评估抽样点附近的多个个体。

最近邻法（regeneration neighborhood unit，RNU）：Gadow 和 Meskauskas（1997）提出了一种称为最近邻的抽样方法。该方法旨在评估幼树树种组成、密度和高度。对离抽样点最近的 4 株植物的树种进行评估。代表高度由离抽样点中心最近的个体定义。这与圆形样地法一致。根据 Köhler（1951）的建议，幼树密度计算为从最靠近抽样点的幼树处获取第 2 个和第 3 个相邻木之间的距离。然后，每公顷的个体数计算为 10000 除以到第 2 个和第 3 相邻木的平方距离的平均值（式 2-2）。图 2-5（右）显示了最近邻法的示意图。

$$N = 10000/(\mathrm{dis}_1^2 + \mathrm{dis}_2^2)/2 \tag{2-2}$$

其中，dis_1 表示从最近的个体到第二株相邻木的距离；dis_2 表示从最近的个体到第三株个体的距离。在图 2-5（右）中，从最近的个体（2 号）到 3 号和 5 号幼树的距离分别为 0.5 m 和 1.06 m。因此，该抽样点的密度估计为每公顷 10000 株/(0.5²+1.06²)/2=14560 株幼苗。

RNU 设计捕获了大量树种，并允许评估树种的多样性（和空间分布），如果对此类信息感兴趣，这是一个明显的优势。该方法的一个缺点是在估算具有非随机空间分布的子群落中的植物密度时，存在偏差（Staupendahl，1997）。

2.2.1.2 群落模拟

不同于 2.1 节采用实地数据评估抽样方法的研究，目前似乎没有已公布的完整且足够大的更新种群的全面调查数据。我们尝试搜索一些更新数据，包括长期生态研究(LTER)、Harvard Forest，但没有找到合适的数据。大多数数据仅包括幼苗或幼树计数(Gholz and Bell，2019)、更新密度(Halpern，2019)、更新覆盖率(Acker and Harmon，2016)或更新覆盖率等级(Franklin and Harmon，2017)、平均更新高度(Acker and Harmon，2016)或更新高度等级频率(Franklink and Harman，2017)。只有 Harvard Forest 中的一个小数据集包含了定位信息和种子属性。因此，在没有大型区域调查数据的情况下，模拟是评估这两种方法的唯一可行途径。模拟试验区包括幼苗密度、物种多样性和高度分布的广泛变化，因此这种方法甚至比特定的测量数据集更具代表性。

使用具有特定属性组合的模拟幼苗群落来比较两种方法的效率。这些模拟群落的属性包括①个体总数，②树种数量及其相对频率，③高度，④更新个体的空间分布。

有许多方法可以生成具有特定属性和空间模式的林分数据。图 2-6 使用函数 forest.f 给出了这种模拟林分的示例。该函数生成给定区域的更新种群、个体数、物种丰富度和高度分布。以下给出该自定义函数。

```
library( spatstat)
forest. f<-function( size = 100, kappa, specNumber, dmin, dmax, sdmin, sdmax){
  pattern <- rMatClust( kappa = kappa, scale = 18, mu = 12, win = owin( c(0, size), c(0, size)))
  ( trees <- length( pattern $ x))
  species = c( 1:specNumber)
  Sprop = sample( 1:specNumber, replace=T)
  S = Sprop/sum( Sprop)
  sp<-sort( sample( 1:specNumber, trees, replace=T, prob=S))
  ( mean = sample( x=c( dmin:dmax), specNumber, replace=T))
  ( sd = sample( x=c( sdmin:sdmax), specNumber, replace=T)) # distrib pars
  dbh = c( )
  for ( j in 1:specNumber) {dbh=c( dbh, rnorm( length( sp[ sp==j]), mean[j], sd[j]))}
  xr <- runif( trees, 0, size)
  yr <- runif( trees, 0, size)
  xc <- pattern $ x
  yc <- pattern $ y
  forestR <- data. frame( x=xr, y=yr, sp=sp, dbh=dbh)
  forestC <- data. frame( x=xc, y=yc, sp=sp, dbh=dbh)
  # dbh[ dbh<=0]
  result <- list( forestR=forestR, forestC=forestC)
  return( result)
}
size <- 100
Kappa <- c( 0.02, 0.05, 0.085) # density = 2500, 6000, 10000
```

```
SpecNumber <- c(10, 20, 50)
# dbh
Dmin <- c(15, 20, 25)
Dmax <- c(60, 80, 100)
SDmin <- c(3, 6, 9)
SDmax <- c(5, 10, 15)
for(i in 1:3) {
    # set parameters
    specNumber <- SpecNumber[i]
    kappa <- Kappa[i]
    dmin <- Dmin[i]
    dmax <- Dmax[i]
    sdmin <- SDmin[i]
    sdmax <- SDmax[i]
    forest<-forest.f(size = 100, kappa, specNumber, dmin, dmax, sdmin, sdmax)
    rForest <- forest $ forestR
    cForest <- forest $ forestC
    # save simulated forest data, use once
    write.csv(rForest, paste(datapath, "randomForest_0", i, ".csv", sep = "")))
```

使用 spatstat 包（Baddeley et al., 2015；http://spatstat.org/）中的 rMatClust 函数来模拟聚集的种群。由于 rMatClust 函数无法事先定义准确的密度，因此我们首先确定聚集更新种群的密度，然后生成具有相同密度的随机分布的种群。kappa 参数定义了簇中心处泊松过程的强度。rMatClust 函数生成具有强度 kappa 的"父"点的泊松点过程。然后将每个"父"点替换为一个随机的"子"点簇，每个簇的点数呈泊松分布，其位置随机放置在以"父"点为中心的圆盘内。为 3 个特征"密度""丰富度""高度"中的每一个定义了不同梯度，以涵盖广泛的条件。密度备选方案为 2019（kappa = 0.02）、6348（kappa = 0.05）和 9862（kappa=0.085）株/hm²。丰富度备选方案为每公顷 3、10、20 个树种，每个树种都被分配了一个随机相对比例。使用高度的平均值和标准偏差（sd）范围为整个种群设定了 3 个高度范围：低（10 cm<均值≤30 cm；3 cm<sd<5 cm）、中（30 cm<均值≤60 cm；6 cm<sd<10 cm）和高（60 cm<均值≤100 cm；10 cm<sd<20 cm）。此外，模拟群落的空间分布具有随机分布和聚集分布两种。图 2-6 显示了 1 hm² 随机分布和聚集分布林分模拟幼树种群示例，这两个林分包含相同密度的幼树，都包含 3 个树种，每个幼树应用其指定的高度分布。

每个模拟将生成一组具有两种点格局分布的林分，随机和聚集。也就是说，具有相同的密度、物种丰富度和高度分布的两个林分具有不同的空间结构。模拟林分可用于评估抽样设计。这两种抽样设计的效率可以通过生成潜在的抽样点的规则网格来评估。

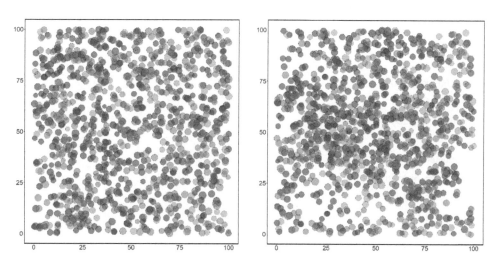

图2-6　1 hm² 模拟更新种群示例

注：随机分布(左)和聚集分布(右)。两个模拟林分都有3个树种，密度均为1153 株/hm²，平均高度为17.0 cm。图中实心圆的半径与个体高度成正比。

2.2.1.3　估计方法

1 hm² 模拟林分的抽样框架与2.1.1节中的方法相同，如图2-1所示。半径为1.784 m 的每个圆形样地的面积等于10 m²。所有抽样单元均已编号。RCP 和 RNU 方法都使用抽样点的相同中心。

使用无放回抽样方法。每次循环，随机选择一个抽样点，直到选择完所有抽样点(729)。计算所选样本中的个体数、物种数和平均幼树高度，然后将其与模拟群落全面调查的结果进行比较，得到两种方法的每个抽样强度和目标变量的结果。

我们使用了1000次迭代，计算了1000次结果的中位数和均值以及相应的包络线。包络线是指每种方法1000次迭代的99.5%置信区间。然后，针对这些属性和不同抽样强度的一系列组合(以所有729个样地的抽样框架的比例衡量)，评估两种方法在估计这些变量方面的效率。针对每个抽样强度和目标变量组合，比较 RCP 和 RNU 的结果。

使用相对误差来表示准确性。相对误差[−1，1]比较估计结果和"真实"(模拟)结果之间的差异，可以使我们能够确定令人满意的抽样强度，即所需的抽样点的数量。在本研究中，可接受的相对误差为20%(±0.2)。

我们尝试了几个函数，如线性函数、指数函数、对数函数、二次多项式函数和幂函数，二次多项式给出了最准确的密度和平均高度相对误差的拟合结果，见公式2-3：

$$D = b_0 + b_1 r + b_2 r^2 \tag{2-3}$$

其中，D 表示估计值与"真实"(模拟)平均高度或密度之间的相对误差；r 为抽样强度；b_0、b_1 和 b_2 为估计参数。

物种相对误差使用公式2-4估算：

$$S = d\{[1 - \exp(a \times r)]^b + c\} \tag{2-4}$$

其中，S 表示物种的数量；a、b、c、d 为定义绘制曲线形状的参数，c 为 x 轴上的截距。

在本研究中，我们使用变异系数来评价这两种方法的准确性。变异系数越小，说明该方法越稳健。设 θ_{ijk} 为第 i 次迭代中第 j 个样本位置第 k 个样地的森林结构指标的估计值。对于每个第 k 个样地的抽样设计，使用平均值和标准偏差计算第 i 次迭代中 100 次抽样的估计值。

可以使用迭代内和迭代间的变化来评估效率。迭代内变化表明 θ_{ijk} 在描述 θ_k 中潜在总体变化的 100 次抽样之间如何变化。迭代之间的变化表示 θ_{jk} 在 1000 次重复之间如何变化，这相当于提供精度度量的抽样误差。第 i 次迭代的第 k 个样地的抽样设计的迭代内变异（CVW）表示为变异系数（式 2-5）。

$$CVW(\theta)_{ik} = 100\frac{SD(\theta)_{ik}}{\hat{\theta}_{ik}} \qquad (2\text{-}5)$$

因此，当 $i=1,\cdots,100$ 时，第 k 个样地的设计的模拟结果为 $CVW(\theta)_{ik}$。100 次 CVW $(\theta)_{ik}$ 的平均值计算为：

$$CVW(\theta)_k = \frac{\sum_{i=1}^{100}CVW(\theta)_{ik}}{100} \qquad (2\text{-}6)$$

2.2.2　密度的估计

在图 2-7 至图 2-9 中，蓝色曲线和蓝色包络线表示 RCP 方法的结果，红色曲线和红色

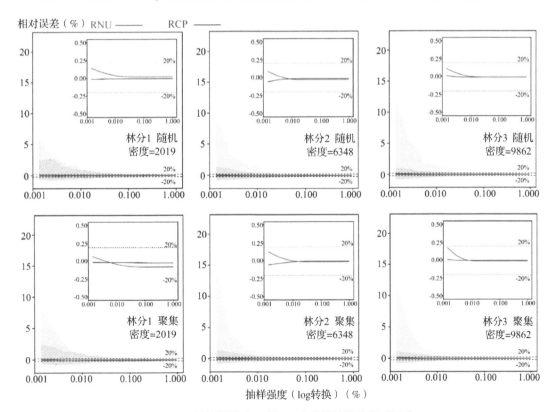

图 2-7　不同抽样强度（x 轴）下密度估计值的相对误差

注：小窗口与大窗口坐标轴含义相同，但比例尺更大，展示了两种方法之间的差异。虚线显示±20%的相对误差。

包络线表示 RNU 方法的结果。y 轴显示相对误差，抽样面积的百分比显示在对数刻度的 x 轴上。

研究共模拟了 3 种不同的密度：2019 株/hm²、6348 株/hm² 和 9862 株/hm²。随机分布和聚集分布共享相同的密度。图 2-7 显示了随着抽样强度的增加，随机分布和聚集分布的幼苗密度的相对误差。使用 1000 次迭代的平均值拟合的曲线可以在较大比例的小窗口中识别。在样本量较小的情况下，RNU 法（红色）与 RCP 法（蓝色）相比显示出较大的相对误差。然而，在抽样强度达到 1%（每公顷 7~8 个抽样点）后，偏差迅速减小，只有非常小的相对误差。

小窗口显示更多细节，置信区间被移除，y 轴范围扩大为 ±50%。RCP 方法在估计密度方面更有效，在抽样强度较小时，蓝线接近于零。在抽样强度小于 10% 时，RNU 的误差较大，但相对误差始终小于 20%。当两种空间模式中的抽样强度均小于 1% 时，RNU 高估了密度。

2.2.3　平均高度的估计

模拟种群的高度为 32.4 cm、49.9 cm 和 65.7 cm。在这两种方法中，每次抽样只取一个高度，即距离抽样点最近的个体高度。因此，这两种方法给出了类似的结果。图 2-8 显示了随机和聚集分布不同抽样强度估计得到的平均高度与实际高度的相对误差。

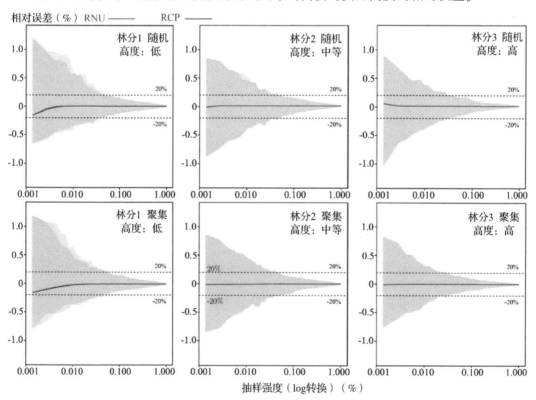

图 2-8　平均高度估计的相对误差

注：虚线显示 ±20% 的相对误差。样地 1、2、3 分别代表 3 个高度范围，低、中和高。

曲线和置信区间在两种空间模式中非常相似。与密度结果类似，平均高度的相对误差始终小于 20%。

公式 2-3 对第一种高度分布的拟合优度较好（$R>97\%$）。然而，随着高度范围和标准差的增加，样地 2、3 显示出较低的相关性。在每个迭代步骤中随机添加抽样点时，平均高度会波动。抽样单元数量的减少导致拟合优度的下降。结果与空间分布无关，因为我们只关注一个抽样单元中的一个样本。在图 2-8 中，第一种高度分布的拟合中，RCP（蓝色）包络线比 RNU（红色）的包络线宽，抽样百分比小于 10%。这是由于其模拟密度较小（每公顷 2019 棵幼树），在使用 RCP 时，一些抽样单元中可能缺少测量的个体。因此，使用 RCP 方法可能会丢失一小部分高度数据。当使用 RNU 方法时，测量的范围是开放的，不存在圆形的小样方约束。因此，当密度增加时，样地 2、3 中的包络线重叠。

2.2.4 物种丰富度的估计

图 2-9 显示了随机和聚集分布中不同抽样强度的物种丰富度估计值的相对误差。所有相关值均大于 0.98。

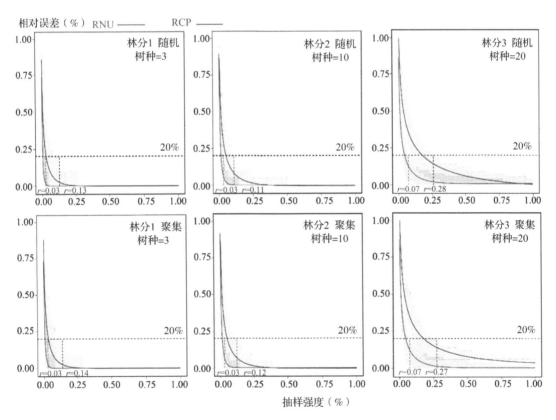

图 2-9 物种丰富度估计的相对误差

在图 2-9 中，虚线给出了所需的最小样本百分比，其中 1000 次迭代中的最低 99.5% 包络线在估计丰富度时达到 80% 的准确度。当丰富度等于 3 种和 10 种物种时，至少需要整个区域的 11%~14%（每公顷需要 10 m^2 的小样方 81~103 个）。当物种丰富度超过 20 种时，至少需要 27% ~ 28%（每公顷需要 10 m² 的小样方 197 ~ 205 个）。正如预期，相比 RCP，RNU 法需要相当低的抽样强度。这是因为 RNU 采集了 4 株林木的树种信息而不是 RCP 法中的一个。因此所需的抽样强度仅为 RCP 法的 1/4。

2.2.5   精确性分析

我们使用 1000 次迭代的变异系数（CVW）平均值来评估这两种方法的准确性（图 2-10）。CVW 值越大，表明该方法的稳健性越差。在图 2-10（左）中，两种方法显示了密度估计精度的差异。在所有曲线图中，RCP 给出的 CVW 低于 RNU 方法。空间分布不影响 CVW 结果，两种方法的随机和聚集分布的结果相似。CVW 未显示密度变化之间的显著差异。

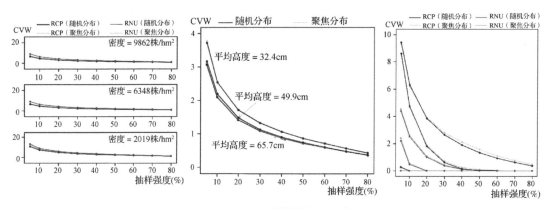

图 2-10   不同属性的变异系数

注：左，密度；中，高度；右，丰富度。灰色和浅蓝色的曲线很难看到，因为随机和聚集分布之间没有差异。

在 CVW 的统计结果中，3 种高度等级之间的差异在统计学上不显著 [图 2-10（中）]，空间点模式也不影响 CVW 结果。所有样地的随机和聚集显示了相似的结果。两种方法之间以及 3 个丰富度等级之间物种丰富度的 CVW 结果存在显著差异。聚集的 CVW 似乎高于随机分布，但没有显著差异，空间分布不影响丰富度估计。在两种方法中，CVW 都随着丰富度的增加而增加。当丰富度固定时，RCP 的 CVW 始终高于 RNU。这与上述结果一致，表明 RNU 在评估丰富度方面的表现优于 RCP。

2.2.6   不同方法的比较

尽管两种方法中密度估计值的相对误差始终小于 20%，但 RCP 方法在估计幼苗密度时更有效。当幼苗和幼树聚集在一起时（通常是在天然林中），RNU 方法的相对误差超过 RCP 方法。当个体与其最近相邻木之间的平均距离小于预期时，估计密度将高于实际密度，从而导致负偏差。对于随机模式和聚集模式，都可以推荐 RCP 方法。每公顷仅需要 7 个圆形小样方，以可接受的精度估算更新密度（图 2-7）。

正如预期的那样，RNU 方法在估算物种丰富度方面比 RCP 方法更有效，效率大约是 RCP 方法的 4 倍。如果调查任务要保持在 20% 的相对误差内，每公顷 40 个样本就足够了。RNU 的这种优势的唯一原因是在每个抽样点评估的物种数量更多。RNU 中记录了离抽样点最近的 4 株个体的种类和 1 个高度。如果将 RCP 方法修改为调查 4 个物种（而不是 1 个），则两种方法在估算丰富度方面的效率几乎相同。这将使 RCP 设计更加精细和昂贵。

每公顷大约需要 10 个抽样点来估计平均更新个体的高度。显然，这两种方法将给出相似的结果，在密度稀疏的情况下效果不同。

RCP 的优点是对不同空间模式的无偏密度估计，而 RNU 更适合于估计物种丰富度，因其可在每个抽样点识别出更多物种。基于这一结果，我们建议根据当地幼树多样性调整抽样方法。在物种丰富度较低的森林，如在人工林中，每个样本中仅评估一个物种可能就足够了；在苗木物种多样性较高的地区，最好在每个抽样点评估两个甚至三个物种。

近几十年来，我国森林面积的稳步增长是众所周知的事实。这些新森林生态系统为人类社会提供多种服务，为许多动植物提供栖息地。Basnou 等人（2015）研究了现有森林和新更新森林之间物种丰富度和组成的差异，包括物种丰富性方面的群落以及木本物种中生态位因子的演替差异，认为森林结构正在影响一系列生态系统功能。Shugart 与 Noble（1981）试图理解这些关系和森林生态系统的动态，已经产生了对森林结构广泛数据的需求。抽样森林评估是量化新森林结构属性的主要信息来源。更新和幼树抽样可以帮助我们评估关于新森林结构属性的定量信息，从而评估维持这些生态系统未来功能和服务的预期能力。

参考文献

惠刚盈，克劳斯·冯佳多，2003. 森林空间结构量化分析方法[M]. 北京：中国科学技术出版社.

雷祖培，康华靖，张书润，等，2009. 乌岩岭国家级自然保护区种子植物区系的特征分析[J]. 植物科学学报，27(3)：290-296.

周红敏，惠刚盈，赵中华，等，2009. 林分空间结构分析中样地边界木的处理方法[J]. 林业科学，45(2)：5.

Acker S, Harmon M, 2016. Post-fire succession study, Torrey Charlton RNA, 1997 to present[J]. Long-term ecological research, Stevenacker.

Baddeley A, Rubak E, Turner R, 2015. Spatial point patterns: methodology and applications with R[M]. Chapman and Hall/CRC Press.

Bakus GJ, Nishiyama G, Hajdu E, et al., 2007. A comparison of some population density sampling techniques for biodiversity, conservation, and environmental impact studies[J]. Biodiversity and Conservation, 16: 2445-2455.

Basnou C, Vicente P, Espelta JM, et al., 2015. Of niche differentiation, dispersal ability and historical legacies: what drives woody community assembly in recent Mediterranean forests? [J]. Oikos, 125, 107-116.

Beasom SL, Haucke HH, 1975. South of four in distance techniques live Oak Texas Mottes[J]. Management, 28 (3)：28-30.

Bitterlich W, 1984. The relascope idea: relative measurements in forestry[R]. Commonwealth Agricultural Bureaux.

Bostoen K, Chalabi Z, Grais RF, 2007. Optimisation of the T-square sampling method to estimate population sizes [J]. Emerging themes in epidemiology (4): 7.

Bowering R, Wigle R, Padgett T, et al., 2018. Searching for rare species: A comparison of floristic habitat sampling and adaptive cluster sampling for detecting and estimating abundance[J]. Forest Ecology and Management, 407.

Byth K, 1982. On robust distance-based intensity estimators[J]. Biometrics, 38(1): 127-135.

Cochran WG, 1977. Sampling techniques[M]. 3rd edition. New York: John Wiley & Sons.

Cottam G, Curtis JT, Hale BW, 1953. Some sampling characteristics of a population of randomly dispersed individuals[J]. Ecology, 34(4): 741-757.

Diggle PJ, 1975. Robust density estimation using distance methods[J]. Biometrika, 62(1): 39-48.

Eberhardt LL, 1967. Some developments in distance sampling[J]. Biometrics, 23(2): 207.

Engeman R. , Sugihara R. , Pank L. , et al. , 1994. A Comparison of Plotless Density Estimators Using Monte Carlo Simulation[J]. Ecology, 75, 1769.

Fewster R, Buckland S, Burnham K, et al. , 2008. Estimating the encounter rate variance in distance sampling [J]. Biometrics, 65, 225-236.

Franklin J, Harmon M, 2017. Vegetation data from inside and outside Elk Exclosures in the South Fork Hoh permanent reference stands, Olympic National Forest, 1979—2007[DB/OL]. Permanent Study Plots of vegetation in the Pacific Northwest. Forest Science Data Bank, Corvallis.

Freese F, 1962. Elementary forest sampling[R]. U. S. Department of Agriculture, Forest Service, America: Washington 25, D. C. USDA agriculture handbooks.

Gadow Kv, Meskauskas E, 1997. Stichprobenverfahren zur drfassung von naturverjüngung[J]. AFZ/Der Wald, 52 (5): 247-248.

Gholz H, Bell D, 2019. Post-logging community structure and biomass accumulation in Watershed 10. Andrews Experimental Forest[J]. Long-Term Ecological Research.

Greenwood J, Robinson RA, 2006. Ecological census techniques: A handbook, Principles of sampling[M]. Cambridge University Press.

Gregoire TG, Valentine HT, 2008. Sampling strategies for natural resources and the dnvironment[M]. chapman & Hall/CRC, New York, USA.

Hall JB, 1991. Multiple-nearest-tree sampling in an ecological survey of Afromontane catchment forest[J]. Forest Ecology and Management, 42, 245-266.

Halpern C, 2019. Species interactions during succession in the western Cascade Range of Oregon[J]. Long-Term Ecological Research. Forest Science.

Haxtema Z, Temesgen H, Marquardt T, 2012. Evaluation of n-tree distance sampling for inventory of headwater riparian forests of western oregon[J]. Western Journal of Applied Forestry, 27, 109-117.

Kenning R, Ducey M, Brissette J, et al. , 2011. Field efficiency and bias of snag inventory methods[J]. Canadian Journal of Forest Research(35): 2900-2910.

Kershaw JA, Ducey M, Beers T, et al. , 2016. Sampling units for estimating parameters[M]. John Wiley & Sons, Ltd.

Kimmins JP, 2004. Forest ecology[M]. 3rd edition. Pearson Prentice Hall, Upper Saddle River, NJ, USA.

Kirchhoff B, 2003. Erfassung und beschreibung ausgewählter saldflächen der nordmongolei[D]. Master Thesis, University Göttingen.

Kleinn C, Köhl M, 1999. Long term observations and research in forestry[D]. Proceedings Volume, International IUFRO Symposium held in Costa Rica, February.

Kleinn C, Vilčko F, 2006a. A new empirical approach for estimation in k-tree sampling[J]. Ecology and Management(237): 522-533.

Kleinn C, Vilčko F, 2006b. Design-unbiased estimation for point-to-tree distance sampling[J]. Canadian Journal of Forest Research(36): 1407-1414.

Köhl M, Magnussen S, Marchetti M, 2006. Sampling methods, remote sensing and GIS multiresource forest inventory[M]. Springer, Berlin, London. Tropical forestry.

Köhler A, 1951. Vorratsermittlung in buchenbeständen nach stammdurchmesser und baumabstand[J]. AFJZ, 69-74.

Lin HT, Lam TY, Gadow Kv, et al. , 2020. Effects of nested plot designs on assessing stand attributes, species diversity, and spatial forest structures[J]. Forest Ecology and Management(457): 117658.

Lynch TB, Rusydi R, 1999. Distance sampling for forest inventory in Indonesian teak plantations[J]. Forest Ecology and Management, 113 (2-3): 215-221.

Magnussen S, 2012. A new composite k-tree estimator of stem density[J]. European Journal of Forest Research (131): 1513-1527.

Mandallaz D, 2008. Sampling techniques for forest inventories [M]. Chapman & Hall/CRC, Boca Raton, FL, USA.

Mark AF, Scorr G, Sanderson FR, et al. , 1964. Forest succession on landslides above Lake Thomson, Fiordland [J]. New Zealand Journal of Botany, 2(1): 60-89.

McRoberts RE, Tomppo EO, Czaplewski RL, 2015. Sampling designs for national forest assessments[R]. Knowledge Reference for National Forest Assessments, FAO, Rome, Italy.

McRoberts RE, Tomppo EO, Næsset E, 2007. Advances and emerging issues in national forest inventories[J]. Scandinavian Journal of Forest Research(25): 368-381.

Mitchell K, 2010. Quantitative analysis by the point-centered quarter method[J]. Quantitative Biology.

Morisita M, 1960. A new method for the estimation of density by the spacing method applicable to non-randomly distributed populations[R]. Washington DC, USA.

Motz K, Sterba H, Pommerening A, 2010. Sampling measures of tree diversity[J]. Forest Ecology and Management (260): 1985-1996.

Murn C, Combrink L, Ronaldson GS, et al. , 2013. Population estimates of three vulture species in Kruger National Park, South Africa[J]. Ostrich(84): 1-9.

Oliver CD, Larson BC, 1996. Forest stand dynamics[M]. 2nd edition. Wiley, New York, USA.

Ozanne C, Leather S, 2005. Insect sampling in forest ecosystems: Sampling methods for forest understory vegetation[R]. Blackwell Science Ltd.

Pique M, Obon B, Condés S, et al. , 2011. Comparison of relascope and fixed-radius plots for the estimation of forest stand variables in northeast Spain: An inventory simulation approach[J]. European Journal of Forest Research (130): 851-859.

Pollard JH, 1971. On distance estimators of density in randomly distributed forests[J]. Biometrics, 991-1002.

Pretzsch H, Forrester DI, Bauhus J, 2017. Stand dynamics of mixed-species stands compared with monocultures [J]. Berlin Heidelberg: Springer.

Prodan M, 1968. Punkstichprobe fuÈr die Forsteinrichtung. Forst[J]. und Holzwirt, 23(11), 225-226.

Puettmann KJ, Wilson SM, Baker SC, 2015. Silvicultural alternatives to conventional even-aged forest management-what limits global adoption? [J] Forest Ecosystems (2): 8.

Reyna TA, Martínez-Vilalta J, Retana J, 2019. Regeneration patterns in Mexican pine-oak forests[J]. Forest Ecosystems, 6(4): 384-395.

Sheil D, Ducey M, Sidiyasa K, et al. , 2003. A new type of sample unit for the efficient assessment of diverse tree communities in complex forest landscapes[J]. Journal of Tropical Forest Science (15): 117-135.

Shugart H, Noble I, 1981. A computer model of succession and fire response of the high-altitude *Eucalyptus* forest of the Brindabella Range, Australian Capital Territory[J]. Australian Journal of Ecology, 6(12): 149-164.

Silva LB, Alves M, Elias RB, et al. , 2017. Comparison of t-Square, point centered quarter, and n-tree sampling methods in Pittosporum undulatum invaded woodlands[J]. International Journal of Forestry Research, 1-13.

Staupendahl K, 1997. Ein neues stichprobenverfahren zur erfassung und beschreibung von naturverjüngung[J]. PELZ, D. R. (Editor). IUFRO, Sektion Forstliche Biometrie und Informatik. Freiburg, September. Deutscher

Verband Forstlicher Forschungsanstalten(10): 32-49.

Stuart-Hill G, 2010. Evaluation of the point-centred-quarter method of sampling Kaffrarian Succulent Thicket[J]. African Journal of Range and Forage Science(12): 72-75.

Tomppo E, Malimbwi R, Katila M, 2014. A sampling design for a large area forest inventory: case Tanzania[J]. Canadian Journal of Forest Research(44): 931-948.

Wang HX, Zhang GQ, Hui GY, et al., 2016. The influence of sampling unit size and spatial arrangement patterns on neighborhood-based spatial structure analyses of forest stands[J]. Forest Systems, 25(1): e056.

Wells JA, Mark AF, 1966. The altitudinal sequence of climax vegetation on Mt Anglem. Stewart Island[J]. New Zealand Journal of Botany, 1(3): 267-282.

Xu WB, Svenning JC, Chen GK, 2019. Human activities have opposing effects on distributions of narrow-ranged and widespread plant species in China[J]. PNAS, 116(52): 26674-26681.

Zhang GQ, Hui GY, Hu YB, et al., 2019. Designing near-natural planting patterns for plantation forests in China [J]. Forest Ecosystems(6): 1-13.

## 第三章

评 估

森林结构和组成除了气候改变、人为造成的生物化学循环、物种入侵等全球性的影响之外(Newman,1995;Vitousek et al.,1997;Simberloff,2000;Honnay et al.,2010),还经常受到地区影响,如道路建设、石油和天然气开发、城市和郊区侵占以及农业等发展压力的累积和零碎影响(Trombulak and Frissell,2000;Smith and Lee,2000)。这种干扰和发展压力的结合可以减少生物多样性,降低森林继续提供一定数量和高质量的生态产品和服务的能力(Toman and Ashton,1996;Costanza et al.,2000;Drever et al.,2006)。

森林经营的本质也是一种人为干扰行为。如果轮作或造林作业强度发生变化,林分特征也会发生变化。从林分状态的对比可以很容易观测到经营的效果(Kolo et al.,2017)。因此,我们可以确认哪些变化是必要的,而哪些措施是无用甚至不利于森林发展的。有了这些知识,人们就可以确定管理措施的效果。

许多生态学家认为,森林管理者应注重保持生态弹性和生态恢复力。生态弹性定义为自然系统吸收干扰的能力(Holling,1973;1986;Peterson et al.,1998)。生态恢复力是生态系统在保持其基本功能、结构、特性和反馈的同时吸收干扰和经历变化的能力(Holling 1973;Peterson et al.,1998;Walker et al.,2004)。弹性通常是适应能力的同义词,即系统在受到干扰或压力时重新配置自身属性的能力,而不会显著降低生产力或组成等关键功能(Gunderson,2000;Carpenter et al.,2001)。恢复力是生态系统的一种新兴属性,可以根据系统在不经历重大转型变化的前提下所能吸收的干扰程度进行估算(Gunderson,2000;Walker et al.,2004),主要关注生态系统结构的变化如何改变其行为,以及给定状态如何随时间持续(Holling,1973;Gunderson,2000;Walker et al.,2004)。

另一方面,弹性可以测量为给定状态在观测时间段内持续存在的概率(Peterson,2002),因此也可以理解为可持续性。弹性的好坏不仅取决于观测时生态系统的状态,也决定于人类对森林的期望和森林存在的目的,如人工林,树木的单一生产性栽培可能是一种经济上理想的状态,但对病虫害干扰的恢复力较低(Drever et al.,2006)。

在种群或群落生态学中,稳定状态是个体或物种及其属性相对恒定的配置或组合(Lewontin,1969;Sutherland,1974;Law and Morton,1993),在生态系统中,稳定状态是一组自生自灭、相互加强的结构和过程(Holling,1973;Peterson et al.,1998)。在稳定状态下,生态系统的某些特征或属性,如物种组成,可能会波动,但这些波动发生在内部生态系统结构或外部约束维持的某些相对恒定的限制内(Connell and Sousa,1983;Scheffer et al.,2001)。人类的干预超出了生态系统稳定性的可变性范围,会对生态系统造成新的压力,并改变干扰与稳定状态之间的自然动态,从而打破这种平衡(Scheffer et al.,2001)。当生态系统的恢复力不能抵御自然干扰或人为干扰,造成恢复力减弱甚至生态系统重组时,则生态系统有决定性的因素将从一组相互作用的物理、生物结构和过程转变或发展为另一组

（Peterson et al.，1998）。在不受管理的生态系统中，进化过程决定其状态，且通常具有很强的恢复力，这与自然干扰如何影响恢复力的结构和过程有关（Drever et al.，2006）。

与弹性一样，具体的稳定状态是否可取或是否达到标准，也取决于其社会或经济效用和目的以及管理背景（Drever et al.，2006）。因此为了可以正确评价森林系统的弹性或稳定性或状态，有必要指定几个定性或定量特征。这将是对一系列系统的、复杂的甚至相互关联的决定性因子现状的评定和理想状态的比较，不重要或与管理目标无关的影响因子需避免参加评估，否则将造成不必要的困扰。从根本上讲，森林或生态系统要发挥什么样的作用或达到何种目的、观察的时间尺度以及所期望的森林状态，最终仍取决于研究问题或管理目标是如何制定的（Carpenter et al.，2001；Drever et al.，2006）。

森林经营是林业发展的永恒主题，且属于人为干扰，因此我们也常常思索，我国现有的或广泛应用的一些经营方法，是否可以正确评价森林系统的状态，以在事后评估这类干扰是否维持或赋予管理森林的生态弹性？以何种标准定义一个稳定的森林？

研究认为，林分稳定性可以是林分质量衡量的标准之一，而林分质量可应用一系列特定指标分别和综合反映。这些特定指标至少可以反映林分的整体状态。在以上问题的思考上，我们依据多指标的综合评价原则，首先列举了可以反映林分状态的可行性指标。林分状态可从林分空间结构（林分垂直结构和水平结构）、林分年龄结构、林分组成（树种多样性和树种组成）、林分密度、林分长势、顶级树种（组）或目的树种竞争、林分更新、林木健康8个方面加以描述，这8个方面能够表征林分主要的自然属性，且对应的每个指标都是可操作的并能够及时收集到准确的数据。为突显指标的先进性和实用性，文中提到的多数指标均采用最新研究成果并给出了可选的测度方法。

林分状态指标的归一化处理是林分状态评价的关键。表达林分状态的指标复杂多样，既有定性指标也有定量指标，且每个指标的取值和单位差异很大。所以，必须对所选的描述林分状态的指标进行赋值、标准化和正向处理（数值越大越好），使其变成[0，1]的无量纲数值，以便进行不同林分类型的比较分析。当然，如前文提到的，林分状态合理与否的判定与对健康稳定森林的认知和经营目标有关。

从林分状态的不同属性来分，可分为林分结构特征和林分活力特征（图3-1）。从林分结构的非空间属性和空间属性来分，可分为林分组成结构和林分空间结构。其中，林分的组成结构通常是非空间结构属性，更侧重于各部分的种类和数量，如林分密度、直径分布、垂直结构（林层）、树种组成等。空间结构是指林木的空间关系，如水平格局、大小异质性（或大小多样性）、树种隔离、林木拥挤等。

非空间结构和空间结构之间的界限并不是一成不变的，使用不同的方法表示时，由于其代表的生态学意义不同，同一属性可能会有空间结构和非空间结构之间的转化。如垂直结构，当单纯使用树高频率统计的方法时，垂直结构属于非空间的组成结构，而使用基于结构体的林层数进行统计时，其本质是观察一个林分的纵向剖面，则此时的垂直结构属于空间结构。又如进行多样性评估时，可选择树种组成、经典的多样性Simpson指数和物种隔离程度进行评估。但由于树种组成的本质是对不同树种进行分类和统计，则树种组成这一林分属性为组成结构，而树种隔离程度，其含义是描述不同树种之间的空间关系，即某一个树种是否与其他树种相邻或相隔，则树种隔离程度是一种空间属性。

为了避免空间属性和非空间属性不同分析方法造成的混淆，本章并未界定每一种方法

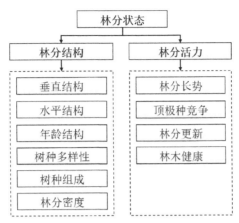

图 3-1　林分状态指标体系

的性质，而是逐一列举选择林分不同方面描述林分状态的原因、含义及其意义，并分别列出多种常用、易用的计算方法，以供不同情境下的选择。同时给出判别标准，无论应用哪种计算方法，均可使用判别标准进行标准化的评估。

3.1　垂直结构（林层）

垂直结构是群落在空间中的垂直分化或成层现象。群落中的植物各有其生长型，而其生态幅度和适应性又各有不同，各自占据着一定的空间。这种空间上的垂直配置，形成了群落的层次结构或垂直结构。

群落的垂直结构具有深刻的生态学意义和实践意义，被认为是森林生态系统稳定性和自然性的重要指标和群落重要的形态特征。林分的垂直结构则主要是指乔木的分层现象，是林分结构的基本特征之一，也是植被野外调查的主要内容。分层现象是一个群落中个体之间以及个体与环境之间相互竞争和选择的结果。

根据 Kolo 等（2017）建立的模型研究发现，林分的垂直结构是决定林分自然更新能力的最重要因素，林分层数对自然更新率具有显著影响，林层的数量增加了潜在的可用种子，两层林分的自然更新率是单层林分的 12 倍，而选择性采伐林分的自然更新率是单层林分的 36 倍。

由于林分状态主要评价乔木层的结构，因此以下内容默认为乔木层的垂直结构。乔木层通常分为上乔木层和下乔木层。近年来还采用森林层比或森林层数来描述森林的垂直结构。森林层比被定义为 n 个最近相邻木中不同层的林木与中心木 i 的比例。惠刚盈等（2016）提出了林层数的概念，定义为 5 株树形成的层数，其中包括 1 株中心木和 4 株最近相邻木，即结构体。对层数进行数据采集，然后计算每层的百分比。根据国际林业研究组织联盟（IUFRO）将森林层按树高划分（Kramer，1988），即森林根据优势高度基准划分为 3 层，且满足的附加条件是，任一层的株数比例必须大于或等于总数的 10%。森林的垂直结构还可以通过成层性来描述，成层性用林层比和林层数来量化（惠刚盈等，2007）。

3.1.1　林分垂直分层

树高分层可参照国际林业研究组织联盟（IUFRO）的林分垂直分层标准（Kramer，1988），即以林分优势高为依据将林分划分为 3 层，上层为树高≥2/3 优势高的林木，中层为树高介于 1/3～2/3 优势高的林木，下层为树高≤1/3 优势高的林木。按树高分层统计：如果各层的林木株数≥10%，则认为该林分林层数为 3；如果只有 1 个或 2 个层的林木株数≥10%，则该林分林层数对应为 1 或 2。

3.1.2　基于结构体的林层比

林层比（S_i）被定义为中心木 i 的 4 株最近相邻木中，与中心木不属同层林木所占的比例，见公式 3-1：

$$S_i = \frac{1}{4} \sum_{j=1}^{4} 1(h_i \neq h_j) \tag{3-1}$$

其中，S_i 为第 i 株中心木的林层比取值；h_i 和 h_j 分别为树 i 和 j 所在的林层；$1(h_i \neq h_j)$ 为指示函数。

S_i 有 5 种可能的取值：当中心木与 4 株相邻木均不处于同一林层时，$S_i = 1$；当中心木与 3 株相邻木不在同一林层时，$S_i = 0.75$；当中心木与 2 株相邻木不在同一林层时，$S_i = 0.5$；当中心木与 1 株相邻木不在同一林层时，$S_i = 0.25$；当中心木与 4 株相邻木全部处于同一林层时，$S_i = 0$。由此可以计算林分的林层比均值，见公式 3-2：

$$\bar{S} = \frac{1}{N} \sum_{i=1}^{N} S_i \tag{3-2}$$

其中，$\bar{S}$ 为全林分林层比的均值。

显然，单层林的林层比为 0，复层林的林层比在（0，1]。

3.1.3　林层数

上述方法基于结构体计算，需要精确测量林分中所有林木及其相邻木的树高（惠刚盈等，2007），较为简便的方法可以使用林层数表达（惠刚盈等，2010）。林层数被定义为由中心木及其最近 4 株相邻木所组成的结构体中，该 5 株树按树高（<10m，10～16m，≥16m）可分层次的数目。统计各结构体林层数为 1、2、3 层的比例，从而可以估计出林分整体林层数。

应用以上任一方法，当林层数≥2.5，表示多层，赋值为 1；<1.5 表示单层，赋值为 0；[1.5，2.5），表示复层，赋值为 0.5。

3.2　水平格局

水平格局主要反映了林木空间位置的信息，以一系列点的形式表示林木的位置信息，就是林木的空间点模式。空间点模式是指在一定区域内，可能由某种统计机制产生的不规则分布的位置的集合。简单来说，就是一系列点的位置信息及其相关关系。在这里我们只关注平面，即二维的空间点模式。自然环境的变化、人为干扰和林木之间的相互作用都对水平格局产生影响。

林分水平格局描述方法很多，可采用距离法（Clark and Evans，1954），Ripley 函数（Ripley，1977；1981），也可以应用经典的森林群落方法（Pretzsch and Zenner，2017）、最近邻分析方法（Hui et al.，2019）、显著的二阶特征方法（Pommerening，2018；Gadow et al.，2012），或 Voronoi 多边形（张弓乔和惠刚盈，2015）和角尺度（Hui et al，1998）等方法来测度。其中，基于 4 株相邻木空间关系的角尺度方法，由于既可用均值表达也可通过频率分布细致描述微观结构，在指导森林空间结构调整以及森林结构的模拟与重建过程中有着独特的优势，目前，已在林分结构分析中得到非常广泛的应用（Graz，2006；Pommerening，2006；Corral-Rivas et al.，2010；Pastorella and Paletto，2013；Zhang and Hui，2021）。

3.2.1 角尺度

Hui 等（1998）提出角尺度的概念。角尺度的概念和使用方法可参见 1.3.2 节。对于全面调查的大样地的林木分布格局可以角尺度均值（$\overline{W}$）的置信区间为准：随机分布时 $\overline{W}$ 取值范围为 $[0.475, 0.517]$；$\overline{W}>0.517$ 时为团状分布；$\overline{W}<0.475$ 时为均匀分布。

3.2.2 Clark Evans 聚集指数

Clark Evans 聚集指数（Clark and Evans aggregation index，R）是点模式的粗略度量。它是点模式中观察到的平均最近相邻木距离与相同强度的泊松点过程的预期距离之比，其公式如下：

$$R = \frac{\overline{r}}{Er}, \ R \in [0, 2.1491] \tag{3-3}$$

$$Er = \frac{1}{2\sqrt{\dfrac{N}{A}}} \tag{3-4}$$

其中，$\overline{r}$ 为点与其最近点的平均距离，即林木与其最近相邻木的平均距离；Er 为相同密度泊松分布下预期的点平均距离；N 代表样地内的点个数，即林木株数；A 为样地面积；当 $R \approx 1$ 时指示该水平格局为随机分布，$R>1$ 为均匀分布，$R<1$ 为聚集分布。

3.2.3 Ripley K 函数

Ripley K 函数（Ripley's K-function）是最流行的用来判断格局的传统二阶特征方法（Ripley，1976），公式如下：

$$\lambda K(r) = \sum_{k=1}^{\infty} D^{(k)}(r) \tag{3-5}$$

其中，$\lambda K(r)$ 表示半径为 r 的圆盘 $b(\xi_i, r)$ 中以典型点 ξ_i 为中心的平均点数，其中 λ 是强度（点密度）。

通过将 K 函数除以 π，开平方后减 r 变换为 L 函数（Ripley's L-function），更具有统计和图形优势，见公式 3-6。当 $L(r)=0$ 时指示该水平格局为随机分布，当 $L(r)>0$ 时，指示为聚集分布，$L(r)<0$ 时为均匀分布。通过观察 L 函数的示意图可判断林分的水平格局。

$$L(r) = \sqrt{\frac{K(r)}{\pi}} - r \tag{3-6}$$

3.2.4　Voronoi多边形的边数分布

Voronoi是关于空间邻近关系的一种基础数据结构，根据离散分布的点来计算该点的有效影响范围，它具有邻接性、唯一性、空间动态等特性。近年来，Voronoi图在不同的科学领域得到广泛应用，尤其在计算机图形学、分子生物学、空间规划等众多领域都表现出了广阔的应用前景(Tsai et al.，1997；2001；Gerstein and Richards，2012)。

使用Voronoi进行统计时，通常忽略样地的地形、地貌特征，视其为二维平面，样地内所有起测径5cm以上的林木为该二维平面的点状目标。如图3-2所示，实线代表$P_1 \sim P_6$这6个点的Delaunay三角网，虚线表示相对应的Voronoi图。假设每株林木都为单个点，则其Delaunay三角网包含相邻木间的距离信息和角度信息，其边长长度等于中心木与其相邻木的距离。Delaunay三角网具有唯一的对偶结构Voronoi图，两株林木相邻对应的Voronoi多边形共享一条边，该边称为公共边。对于非样地边缘林木，其Voronoi多边形公共边的边数代表了该林木的相邻木数量。

6个点的Delaunay三角网及其Voronoi图　　均匀分布　　　　随机分布　　　　团状分布

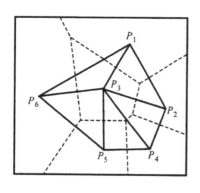  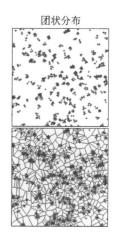

图3-2　6个点的Delaunay三角网
及其Voronoi图

图3-3　不同类型的点格局及Voronoi图
（密度为1000株/hm²）

不同格局下Voronoi多边形的边数标准差分布近似正态且有$s_{团状} > s_{随机} > s_{均匀}$的趋势（图3-3）。在随机分布时Voronoi多边形标准差s取值范围为[1.264，1.402]。当$s<1.264$时林分为均匀分布；当$s>1.402$时为团状分布。

在水平结构分析中，对林分随机分布格局赋值为1；团状分布赋值0.5；均匀分布赋值为0。

3.3　直径结构

森林种群年龄结构是林分的重要结构特征之一，相关的研究在森林生态学领域取得了许多成果，确定了一系列的种群发展结构。每个年龄组的树木数量占树木总数的百分比可以表示为年龄结构图(年龄金字塔或生命表)，通过分析给定群落的年龄组成可以预测林分的发展趋势。如果一个种群具有大量幼体和少量老龄个体，则说明该种群是迅速增长的种群;相反,如果种群中幼体较少而老龄个体较多,则说明该种群是衰退的种群;如果一个种群各个年龄组的个体数几乎相同或均匀递减,更新率接近死亡率,则说明该种群处于平衡状态,是正常稳定型种群。

在实际研究树种的年龄结构时,由于许多树种的木材密度较高,难以用生长锥确定树木的实际年龄,而种群稳定的径级结构类似于稳定的年龄结构,为了减少对树木的破坏,常常用树木的直径结构代替年龄结构来分析种群的结构和动态(宋永昌,2001)。稳定的直径结构与稳定的年龄结构相似,并且不均匀老化天然林的典型直径分布是以小直径的树木为主。频率随着直径等级的增加而降低,即每个直径等级中的林木数量按照倒 J 结构排列。

直径结构分布已成为森林现状分析的一个重要参数。多种概率密度函数可用来描述森林的大小分布,如 β、正态、对数正态、指数、威布尔和伽马模型。其中,由于威布尔函数的简单性、灵活性和适用性,被认为是拟合单一物种甚至老化林分单峰分布的良好选择。然而,这些统计分布函数中的每一个都有优点和缺点,并且可能无法充分适应给定的数据集,这在很大程度上取决于森林类型及其属性。

理想的异龄林株树按径级依常量 q 值递减(de Liocourt,1898)。异龄林株树径级分布可用负指数分布拟合(Meyer,1952),公式 3-7 和 3-8:

$$N = k\mathrm{e}^{-aD} \tag{3-7}$$

$$q = \mathrm{e}^{ah} \tag{3-8}$$

其中,N 表示株数;e 表示自然对数的底;D 表示胸径;a、k 为常数;q 为相邻径级株数之比;h 为径级距,一般 $h = 2$。

当拟合的决定系数 $R^2 \geqslant 0.7$,且 $q \in [1.2, 1.7]$ 时(Garcia et al.,1999),认为该林分径级分布符合倒 J 形,为典型异龄林(惠刚盈等,2010),赋值 1;否则赋值为 0。

3.4 树种多样性

物种多样性是指一个群落中的物种数目和各物种的个体数目分配的均匀度(Fisher et al.,1943)。反映了群落组成中物种的丰富程度及不同自然地理条件与群落的相互关系,以及群落的稳定性与动态,是群落组织结构的重要特征。生物多样性的维持对森林及其管理具有直接影响。林分的树种多样性可以用多种方法表达和描述,常用的方法包括 Shannon-Wiener 指数、Simpson 指数、混交度等。

3.4.1 香农指数

$$H' = -\sum_{i=1}^{s} p_i \ln p_i \tag{3-9}$$

其中,H' 为 Shannon-Wiene 多样性指数;p_i 为第 i 个树种株数在林分树木总株数中所占百分比;s 为林分中树种的数量。

3.4.2 Simpson 多样性指数

$$D = 1 - \sum_{i=1}^{s} (p_i)^2 \tag{3-10}$$

其中，D 为 Simpson 多样性指数。

3.4.3　混交度

混交度(M_i)用来说明混交林中树种空间隔离程度。其值在[0，1]，越大越好。具体内容可参见第 1.3.2 节。

在进行树种多样性分析时，首选方法是混交度或 Simpson 指数。主要原因是这两个指数的量纲处于[0，1]，而 H' 难以客观评价其值大小，也难以转化为标准化数值。对于混交度和 Simpson 指数，其值越大越好。

3.5　树种组成

树种组成是森林的重要林学特征之一，对决定森林的类型具有重要意义，也可以从另一个方面反应生物多样性，常作为划分森林类型的基本条件。在分析经营区林分树种组成时以乔木树种为主要分析对象。经营上，两个林分在树种组成结构上的差异，常用树种组成式进行比较。树种组成通常通过统计主要树种的数量特征，包括各树种的公顷株数、断面积、相对多度和相对显著度等数量指标，了解林分的树种组成特征，并以此作为划分林分类型和调整树种组成的依据。

各树种所占的比重称为组成系数。乔木树种的蓄积量所占比例，或根据各树种断面积与林分总断面积的比值计算，统计大于 10% 的树种数，并用十分法表示，如 4 油松 3 云 2 冷 1 椴。树种组成可以同时反映林分中所包含的树种及其比例。但这种方法只能通过文字表达，缺乏精确定量的描述方式，不便于不同林分树种多样性的定量比较。

应用树种组成可以进行纯林和混交林的划分。对给定林分的树种组成进行统计，当某一树种的断面积比例≥90%，则视为纯林；否则为混交林。对于混交林，赋值为 1；否则为 0。

3.6　林分密度

林分密度是评估立地生产力和预测林分动态的重要空间信息。控制和调整林分密度始终是森林经营研究的核心。林分密度不仅影响林分的产量和质量，而且影响林内环境和林分稳定性。较高的林分密度可能会由于遮阴、对水和土壤等养分的竞争阻碍森林更新。如何进行密度控制，何谓合理的林分密度，一直是森林培育专家所关心的科学问题。为此，关于林分密度的表达显得尤为重要。

截至目前，已提出了众多的林分密度指标，如郁闭度、疏密度、株距指数、林分密度指数(Reineke，1933)、树木面积比、树冠竞争因子(Krajicek et al.，1961)、每公顷断面积、单位面积株数(Clutter et al.，1983；方怀龙，1995)、相对植距(Whilson，1979)和优势高-营养面积比(刘金福和王笃志，1995)等。

虽然林分密度表达方式多样，但以公顷株数密度及郁闭度等为常见。其中，公顷株数密度仅表示单位面积上的林木株数，无法说明林木之间的密集程度，如林木株数密度相同的林分因林木大小不同，其林木的密集程度也大不一样。疏密度虽然能反映林分的生长状况，但是最大断面积较难确定。郁闭度能反映林分利用空间的现状及树冠的郁闭程度，且数值化的郁闭度值已成为森林经营实践的结晶，林学上常根据林分郁闭度值的大小进行密林（≥0.7）与疏林（<0.7）的划分（FAO document repository，2014）。森林经营中，通常要求林分郁闭度保持在 0.7 左右，而对于 0.9 以上林分必须进行密度调控，但是该指标的观测和使用较为粗放，无法准确反映林分内出现较大林窗时着生林木区域的林木实际拥挤程度。可见，数字化密度指标若能同时表达出森林形成和发育的整个过程——郁闭前幼林自由生长阶段、郁闭成林后的自然整枝阶段和完全郁闭后的优胜劣汰竞争阶段将更有利于对林分密度的描述。

3.6.1 核密度估计

查看核密度函数的估计值通常是探索空间点模式数据集的第一步。核密度估计可以简单理解为水平空间上局部密度的表达，是可以描述生态过程（如个体的生长、生存和更新）如何依赖于其他个体的大小和距离的函数。

核密度的结果不是概率密度。它是对空间点模式数据（即林木平面位置信息）点过程强度函数的估计结果。由于强度通常是空间位置的函数，因此可通过核密度估计的方法得到这个函数。其中，强度是指每单位面积的预期随机点数，单位是"单位面积点数"。空间区域上强度函数的积分给出了落在该区域预期的点个数。

核密度默认使用高斯核估计（Gaussian kernel）方法，见公式 3-11。

$$g_j(m_j,\ \xi) = e^{\frac{-\delta \text{dist}_j^2(\xi)}{m_j^\beta}} \tag{3-11}$$

其中，$g_j(m_j,\ \xi)$ 表示个体 j 的 Gaussian kernel 函数；m_j 表示个体 j 的标记，如表示大小的指标；ξ 表示林分中的任意点；$\text{dist}_j(\xi)$ 表示个体 j 到 ξ 的距离；β 为函数参数。

3.6.2 拥挤度

林分密度还可以用林分拥挤度（K）描述（惠刚盈等，2016）。林分拥挤度用来表达林木之间拥挤在一起的程度，用林木平均距离（L）与平均冠幅（CW）的比值表示，公式 3-12。

$$K = \frac{L}{\text{CW}} \tag{3-12}$$

当 $K>1$，表明林木之间有空隙，林冠没有完全覆盖林地，林木之间不拥挤；$K=1$ 表明林木之间刚刚发生树冠接触；当 $K<1$ 时表明林木之间发生拥挤。K 值越小表明树冠之间越拥挤。林分拥挤度在 [0.6，0.8] 表示密度适中，赋值为 1，其他赋值为 0。

3.7 林分长势

林分长势通过林分空间优势度或林分潜在疏密度表达（赵中华等，2014）。

3.7.1 林分空间优势度

大量的森林群落样地调查结果得到相同的结论：在相同的气候区域，相同的环境条件下，相似地段上的森林群落由于林分的起源、年龄、密度及立地等因子的不同，常常表现出不同的林木组成。在群落生态学中常用林分的优势种来区别，即林分中个体数量最多、盖度大、生物量高、体积大、生活能力强的植物种类的数量特征。

在群落生态学研究中，往往关注群落中某个种群或某几个种群的优势程度，因而表达优势度的指标主要是用种的盖度和密度，如相对多度、相对显著度、相对频度以及重要值等指标；而林分的蓄积量在一定程度上能够表达出林分的优势程度，表达了林地的生产力的高低，但在实际调查中还需要知道林木的材积计算公式、形数等因子。对于森林生态系统来说，它是一个由各组成要素同时发挥各种功能的整体，构成森林生态系统的所有因素都对整体功能的发挥起着不可替代的作用，因此，仅考虑某个种群或某些种群的优势程度显然是不足的。

大小比数是表达树种空间优势程度的良好指标（有关大小比数的介绍参见前文 1.3.2 节）。基于大小比数的林分空间优势度的表达方法，既考虑了林分的空间结构信息，即用林分中处于绝对优势的结构体比例反映林分空间上的优势程度，也体现了林分的非空间结构，即用比较指标（胸径、树高或冠幅）的平均值和最大值来反映林分中处于优势的个体的变化幅度。

考虑到断面积是考量林分大小优势程度的重要指标，林分平均断面积 $\bar{G}$ 反映了林分整体的大小优势程度；林分中的最大林木个体反映了在此立地条件下和年龄阶段时该林分的林木个体的潜在大小。因此该公式中隐含了一个假设，即在当前立地条件下和发育阶段时，林分中最大林木个体为该林分林木个体的潜在大小，当前林分密度与最大个体的断面积（G_{max}）的乘积反映了该林分的潜在生产力，因为林分的断面积是一个与立地、年龄及密度密切相关的函数。

显然，林分中所有林木株数与最大个体的断面积（G_{max}）的积就是对该林分在此立地条件下和年龄阶段潜在的最大断面积的恰当表达，反映了该林分的潜在生产力，其值越大林分越有优势；G_{max} 与 $\bar{G}$ 的差值越小，表明林分中比平均个体大的林木数量越多，林分就越有优势。林分空间上的优势程度，见公式 3-13：

$$S_d = \sqrt{P_{U_i=0} \frac{G_{max}}{G_{max} - \bar{G}}} \qquad (3-13)$$

其中，S_d 为林分空间优势度；$P_{U_i=0}$ 表示林木大小比数取值为 0 的株数频率；G_{max} 为林分的潜在最大断面积；$\bar{G}$ 为林分平均断面积。

由于断面积可以进一步用胸径表达，因此公式 3-13 也可写为公式 3-14：

$$S_d = \sqrt{P_{U_i=0} \frac{d_{max}^2}{d_{max}^2 - \bar{d}^2}} \qquad (3-14)$$

其中，$\bar{d}$ 和 d_{max}^2 分别为林分的平均胸径和林分中最大林木的胸径。

由林分空间优势度定义可以看出，$P_{U_i=0}$ 的性质和平均胸高断面积及最大林木的胸高断面积的关系，决定了 S_d 的值越大，林分的空间优势度越大。此外，公式 3-14 中还可以将平均胸径换成树高或冠幅作为比较指标对林分的空间优势度进行度量。

3.7.2　林分疏密度

林分疏密度是现实林分断面积与标准林分断面积之比。鉴于定义和寻找"标准林分"的难度，本文用林分潜在疏密度(B_0)替代传统意义上的林分疏密度，见公式 3-15：

$$B_0 = \bar{G}/G_{max} \tag{3-15}$$

对于林分空间优势度和疏密度，其值在[0，1]，愈大愈好。

3.8 顶极种竞争

顶极种的竞争用顶极种或目的树种的树种空间优势度表达，见公式 3-16：

$$D_{sp} = \sqrt{D_g(1 - \overline{U}_{sp})} \tag{3-16}$$

其中，D_{sp} 为树种空间优势度；D_g 为相对显著度，$\overline{U}_{sp}$ 为树种大小比数均值。D_{sp} 值在[0，1]，愈大愈好。

3.9 更 新

通过天然幼苗更新森林是各国普遍接受的营林策略(Kolo et al.，2017)。为了提升和规划林分内的自然更新，林务人员必须能够正确估测该林分的更新状态。

林分更新采用国家标准《森林资源规划设计调查技术规程》(GB/T 26424—2010)来评价，即以苗高>50 cm 的幼苗数量来衡量，当每公顷幼苗数量≥2500 株表示更新良好，赋值 1；[500，2500)表示更新一般，赋值 0.5；<500 株表示更新不良，赋值 0。

3.10 健康状况

准确、及时地评估林木健康状况，可让管理者了解树木的生长情况，及早发现森林中潜在的风险，制定和调整与之相适应的经营措施，以保持森林的稳定性，发挥最佳的生态、社会及景观效益(翁殊斐等，2009)。

"树木健康"一词主要是对树木良好的生长状态的描述。评价林木不健康状况包括以下几种情况。

树势和(树木)倾斜：因为风吹、光照不均匀、土壤塌陷、栽植不规范及修剪不当等原因，树木会出现树干倾斜或偏冠的现象，影响树体的稳定性。

顶梢枯死：指树冠上部暴露在太阳下的嫩枝从末端往下逐渐死亡，是反映树木衰老和受胁迫的良好指标。

病害、虫害：病、虫害是最常遇见的问题，传染性病、虫害会对树木群体的健康造成严重的危害。发生在树干基部的腐朽症状，也是一类重要的病害。

寄生：寄生植物的存在对寄主植物是有害的，降低了寄主植物的光合作用和同化作用，导致其生长不良和早衰，最终引致死亡。

洞穴、损伤：树穴的出现是由于疏忽或管理不当的结果，是人为或自然环境引起的树干伤害发展到一定程度的表现。树穴危害树体生长及其稳定性。损伤包括人为或自然条件引起的树干伤害，如果处理不当可能造成很大的伤害，病虫容易经由伤口进入，导致树干腐烂，甚至整株死亡。

　　以上所述不健康状况是指已严重影响到林木个体的生存和生长，且很难在短期内发生逆转。对于轻度的健康问题，或可能预见林木将持续生长且不影响其他林木的情况，建议标记为健康。需要特别提醒的是，在调查中应务必清晰、谨慎地记录样地内每株林木的健康状况，才能确保正确地评价林分整体健康，并在后续的经营中减小偏差。

　　统计林分中健康林木所占的比例，当≥90%时，赋值1；<90%，赋值0。

参考文献

刘金福，王笃志，1995. 福建杉木人工林可变密度收获表编制方法的研究[J]. 林业勘察设计(2)：1-5.

宋永昌，2001. 植被生态学[M]. 上海：华东师范大学出版社.

张弓乔，惠刚盈，2015. Voronoi 多边形的边数分布规律及其在林木格局分析中的应用[J]. 北京林业大学学报，37(4)：1-7.

惠刚盈，张弓乔，赵中华，等，2016. 天然混交林最优林分状态的 π 值法则[J]. 林业科学，52(5)：1-8.

惠刚盈，张连金，胡艳波，等，2016. 林分拥挤度及其应用[J]. 北京林业大学学报，38(10)：1-6.

惠刚盈，Klaus von Gadow，胡艳波，等，2007. 结构化森林经营[M]. 北京：中国林业出版社.

惠刚盈，赵中华，胡艳波，2010. 结构化森林经营技术指南[M]. 北京：中国林业出版社.

方怀龙，1995. 现有林分密度指标的评价[J]. 东北林业大学学报，23(4)：100-105.

翁殊斐，黎彩敏，庞瑞君，2009. 用层次分析法构建园林树木健康评价体系[J]. 西北林学院学报，24(1)：177-181.

赵中华，惠刚盈，胡艳波，等，2014. 基于大小比数的林分空间优势度表达方法及其应用[J]. 北京林业大学学报，36(1)：78-82.

Carpenter S, Walker B, Anderies JM, et al., 2001. From metaphor to measurement：Resilience of what to what? [J]. Ecosystems(4)：765-781.

Clark J, Evans C, 1954. Distance to nearest neighbor as a measure of spatial relationships in populations[J]. Ecology, 35(4)：445-453.

Clutter JL, Fortson JC, Pienaer LV, et al., 1983. Timber management：A quantitative approach[M]. New-York：John Wiley & Sons.

Connell JH, Sousa WP, 1983. On the evidence needed to judge ecological stability or persistence[J]. American Naturalist(121)：789-824.

Corral-Rivas J, Wehenkel C, Castellanos-Bocaz H, et al., 2010. A permutation test of spatial randomness：application to nearest neighbour indices in forest stands[J]. Journal of Forest Research, 15(4)：218-225.

Costanza R, Daly M, Folke C, et al., 2000. Managing our environmental portfolio[J]. Bioscience(50)：149-155.

de Liocourt, 1898. De l'amenagement des sapinières[J]. Bulletin Trimestriel, Société Forestière de Franche-Comtéet Belfort, Julliet, 396-409.

Drever CR, Peterson G, Messier C, et al., 2006. Can forest management based on natural disturbances maintain ecological resilience？[J]. Canadian Journal of Forest Research(36)：2285-2299.

FAO document repository, 2014. FRA on definitions of forest and forest change[DB/OL]. Natural Sciences.

Fisher RA, Corbet AS, Williams CB, 1943. The relation between the number of species and the number of individualsi n a random sample of an animal population[J]. The Journal of Animal Ecology, 12(01)：42.

Gadow Kv, Zhang CY, Wehenkel C, et al., 2012. Forest structure and diversity[J]. Manoging Forest Ecosystems, 23(2)：29-83.

Garcia A, Irastoza P, Garcia C, et al., 1999. Concept associated with deriving the balanced distribution of uneven-aged structure from even-aged yield tables: Application to Pinus aylvestris in the central mountains of Spain [J]. IBN Scientific Contributions(15): 108-127.

Gerstein M, Richards FM, 2012. Protein geometry: volumes, areas and distances[J]. American Cancer Society, New York: John Wiley & Sons.

Graz FP, 2006. Spatial diversity of dry savanna woodlands. Assessing the spatial diversity of a dry savanna woodland stand in northern Namibia using neighbourhood-based measures[J]. Biodiversity and Conservation, 15 (4): 1143-1157.

Gunderson LH, 2000. Ecological resilience -in theory and application[J]. Annual Review of Ecology Evolution and Systematics(31): 425-439.

Holling CS, 1973. Resilience and stability of ecological systems[J]. Annual Review of Ecology Evolution and Systematics(4): 2-23.

Holling CS, 1986. The resilience of ecosystems: local surprise and global change. In Sustainable development of the biosphere[M]. Edited by WC. Clark and RE. Munn. Cambridge University Press, Cambridge, UK.

Honnay O, Verheyen K, Butaye J, et al., 2010. Possible effects of habitat fragmentation and climate change on the range of forest plant species[J]. Ecology Letters, 5(4): 525-530.

Hui GY, Albert M, Gadow Kv, 1998. Das Umgebungsmaß als parameter zur nachbildung von bestandesstrukturen [J]. Forstwiss Centralbl, 117(1): 258-266.

Hui GY, Zhang GG, Zhao ZH, et al., 2019. Methods of Forest Structure Research: a Review[J]. Current Forestry Reports, 5(3): 142-154.

Kolo H, Ankerst D, Knoke T, 2017. Predicting natural forest regeneration: a statistical model based on inventory data[J]. European Journal of Forest Research(5-6): 1-16.

Krajicek JE, Brinkman KA, Gingrich SF, 1961. Crown competition. A measure of density[J]. Forest Science (7): 35-42.

Kramer H, 1988. Waldwachstumslehre[M]. Hamburg und Berlin, VerlagPaul Parey.

Law R, Morton RD, 1993. Alternative permanent states of ecological communities [J]. Ecology (74): 1347-1361.

Lewontin RC, 1969. The meaning of stability[J]. Brookhaven Symposia in Biology(22): 13-23.

Newman EI, 1995. Phosphorus inputs to terrestrial ecosytems[J]. Journal of Ecology(83): 713-726.

Pastorella F, Paletto A, 2013. Stand structure indices as tools to support forest management: an application in Trentino forests[J]. Journal of Forest Science(59): 159-168.

Peterson GD, 2002. Estimating resilience across landscapes[J]. Conservation Ecology, 6(1): 17.

Peterson GD, Allen CR, Holling CS, 1998. Ecological resilience, biodiversity, and scale[J]. Ecosystems(1): 6-18.

Pommerening A, 2006. Evaluating structural indices by reversing forest structural analysis[J]. Forest Ecology and Management, 224(3): 266-277.

Pommerening A, Meador A, 2018. Tamm review: Tree interactions between myth and reality[J]. Forest Ecology and Management(424): 164-176.

Pretzsch H, Zenner EK, 2017. Toward managing mixed-species stands: from parametrization to prescription[J]. Forest Ecosystems(4): 19.

Reineke LH, 1933. Perfecting a stand-density index for even-aged forests[J]. Journal of Agricultural Research, 46 (7): 627-638.

Ripley BD, 1976. The second-order analysis of stationary point processes[J]. Journal of Applied Probability (13): 255-266.

Ripley BD, 1977. Modelling spatial patterns[J]. Journal of the Royal Statistical Society, 39(2): 172-212.

Ripley BD, 1981. Spatial statistics[M]. New York: John Wiley & Sons.

Scheffer M, Carpenter S, Foley JA, et al., 2001. Catastrophic shifts in ecosystems [J]. Nature (413): 591-596.

Simberloff D, 2000. Global climate change and introduced species in United States forests[J]. Science of the Total Environment(262): 253-261.

Smith W, Lee P, 2000. Canada's forests at a crossroads: an assessment in the year 2000[M]. World Resources Institute, Washington, DC.

Sutherland JP, 1974. Multiple stable points in natural communities[J]. American Naturalist(108): 859-873.

Toman MA, Ashton PMS, 1996. Sustainable forest ecosystems and management: a review article[J]. Forest Science(42): 366-377.

Trombulak SC, Frissell CA, 2000. Review of ecological effects of roads on terrestrial and aquatic communities [J]. Conservation Biology(14): 18-30.

Tsai J, Gerstein M, Levitt M, 1997. Simulating the minimum core for hydrophobic collapse in globular proteins [J]. Protein science, 6(12): 2606-2616.

Tsai J, Voss N, Gerstein M, 2001. Determining the minimum number of types necessary to represent the sizes of protein atoms[J]. Bioinformatics, 17(10): 949-956.

Vitousek PM, Aber JD, Howarth RW, et al., 1997. Human alteration of the global nitrogen cycle: sources and consequences[J]. Ecological Applications(7): 737-750.

Walker B, Holling CS, Carpenter SR, et al., 2004. Resilience, adaptability and transformability in social-ecological systems[J]. Ecology and Society, 9(2): 5.

Whilson FG, 1979. Thinning as an orserly discipline: a graphic spacing schedule for red pine[J]. Journal of Forest, 77 (8): 483-486.

Zhang GQ, Hui GY, 2021. Random trees are the cornerstones of natural forests[J]. Forests, 12(8): 1046.

## 第四章

定向与优选

在判断林分状态的基础上，指明经营方向，给出合理的经营措施是另一项重要工作，即定向与优选。这项工作不仅要明确经营的目标和目的（事实上在判断林分状态前就应明确），更要明了一系列措施的具体内容及其实施顺序。

森林经营是对现有林进行科学培育与管护的一系列活动的总称，直接影响到森林产量、质量以及稳定性。可见，强化森林经营，大幅度提高林地生产力，保持生态系统稳定与健康，是发展现代林业和建设生态文明的时代要求（肖化顺等，2014）。森林经营已成为目前林学研究的优先发展领域。森林经营的前提是经营主体"森林"必须存在。也就是说，凡是在森林之中开展的各种有利于改善森林状态的经营活动才能称为森林经营，包括林下土壤植被管理（割灌、清除地被物、松土、施肥、灌溉、栽植豆科植物等）、林木质量和健康维护（修枝、有害生物防治等）、冠下造林、林木利用（伐木、采种、采脂等）、抚育间伐和护林防火等。可见，森林经营措施多样，一切经营活动都是围绕经营主体而展开。

不同时代人们对森林需求、认知和经营理念不同，所以就产生了不同方法。如18世纪针对木材生产德国提出了云杉林的下层抚育，法国提出了橡树林上层抚育以及橡树造船（大径）材生产的目标树培育。在经历了近两百年围绕"木材利用"的森林经营之后，20世纪末至今，针对森林的可持续经营在美国诞生了"森林生态系统经营"（徐化成，2001；唐守正，2005），在中欧"近自然森林经营"又得到了复苏（惠刚盈和Gadow，2001；陆元昌，2006；周新年等，2007；张会儒和唐守正，2011），在我国也出现了"生态采伐更新技术"（唐守正，2005；张会儒和唐守正，2007）和"结构化森林经营"（惠刚盈等，2007），等等。世界各地聚焦天然林的更新、结构优化和生态采伐等方面。许多关于林分结构优化的经营方法应运而生（Lamprecht，1986；Pullala and Kangas，1993；Daum et al.，1998；汤孟平等，2004；孟春和王立海，2005；胡艳波，2010；李建军，2013）。

然而这些科学经营方法的提出都是围绕采伐木优先性的选择（Daum，1995；Li et al.，2014），并非经营措施的优先选择。经营措施优先性是指对许多可选经营措施优先执行顺序的安排，常被理解为针对不合理的林分状态经营问题而选择的最有效方法。最为理想的经营策略应该是既能有针对性地解决单一经营问题，又能同时解决其他经营问题。解决单一经营问题的途径是进行经营措施优先性研究的基础，在一定程度上影响解决两个及以上不合理的林分状态经营问题而采取的经营措施的优先性安排。针对两个及以上不合理状态因子的组合是天然林经营所面临的普遍问题。可见，森林经营措施优先性的研究是当前森林可持续经营研究的一个重要方面，构成了研制经营模式的前提。因此，本章重点分析不同林分状态组合情景下的天然林经营措施优先性。

利用经营措施优先性形成经营处方，对林分状态进行归纳并指出经营方向。雷达图是专门用来进行多指标体系比较分析的专业图表。从雷达图中可以看出指标的实际值与参照值的偏离程度，从而为分析者提供有益的信息。由于其直观性，本研究将其用来进行林分状态分析，并据此给出经营方向和措施优先性。

雷达图的绘制方法。首先，画出 3 个同心圆，同心圆的最小圆圈代表同行业的最低水平(最差的林分状态或平均状态的一半)，中间圆圈代表平均水平(平均的林分状态)，又称标准线，最大圆圈代表先进水平(最佳的林分状态)；然后，把这 3 个圆圈的 360°分成 8 个扇形区，分别代表林分空间结构、林分年龄结构、林分组成、林分密度、林分长势、顶极种或目的树种竞争、更新和林木健康指标区域；再次，从 8 个扇形区的圆心开始以放射线的形式分别画出相应的指标线，并标明指标名称；最后，把现实林分的相应指标值用点标在图上。以线段依次连接相邻点，形成的多边形折线闭环，就代表了现实林分状态。这里我们定义，凡是指标值处于标准线以内(<0.5)的都是不合格的指标(图 4-1)。

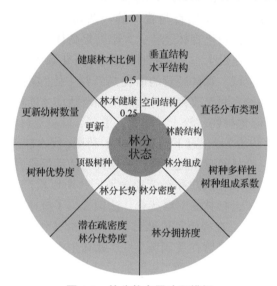

图 4-1 林分状态雷达图模板

为方便广大林业经营工作者对优先经营措施选择，依据不同林分状态的雷达图给出了经营方向，并以此尝试了对森林进行"CT"的方法，开具了森林的"经营处方"。研究认为，经营措施优先性是对许多可选经营措施优先执行顺序的安排；基于林分状态组合的 $1 + \sum_{i=1}^{5} C_7^i = 120$ 种 "经营处方" 涵盖了森林经营的主要方面。只需在完成林分状态分析后，查找与预经营林分相应的林分状态，即可快捷知悉相应的经营方向和经营措施优先性。

4.1 单一林分状态指标不合理时的经营措施选择

单一林分状态指标不合理意味着在所考察的全部 8 个林分状态因子中只有 1 个因子不合理(图 4-2)，其余 7 个林分状态指标均合理，其雷达图示意如图 4-2。

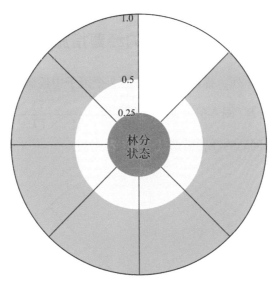

图 4-2 1 个状态指标不合理的雷达图

针对单一不合理的林分状态经营问题国内外已进行了大量的长期经营对比试验研究（Kramer，1988；沈国舫和翟明普，2011；殷鸣放等，2012），筛选出了富有成效的经营方法与技术（表 4-1）。如改善林分成层性或年龄结构最有效的手段是针对更新幼树进行开敞度调节或结构化森林经营中针对幼树微环境调节技术；调节林分水平结构或顶极种（或目的树种）竞争问题，优先选择结构化森林经营中针对目的树微环境及林木格局调节技术（盛炜彤，2014）；对于林分更新问题，需要在制造林窗的同时（臧润国等，1999；惠刚盈等，2010），促进天然更新（适当割灌、松土、清除地被物）（徐振邦等，2001；李金良等，2008；朱教君等，2008），或人工播种、种植目的树种，必要时可采取防止动物危害更新幼树的措施，紧跟其后还要开展更新抚育；解决树种组成问题需要采取结构化森林经营中针对稀少种微环境调节技术或更换树种；对于林分密度问题需要进行抚育间伐或补植目的树种；对于林分长势问题，需要进行目标树培育或结构化森林经营中针对目标树微环境调节技术，同时进行地力维护（割灌、松土、施肥、灌溉、栽植豆科植物等）；对于健康问题则需要进行卫生伐，必要时进行有害生物防治。表 4-1 给出了当有一个林分状态指标不合理时的经营措施选择。

表 4-1 1 个林分状态指标不合理时的经营措施选择

状态指标	经营措施	编 号
林木健康	进行卫生伐，必要时进行有害生物防治	1
林分空间结构	结构化森林经营中针对幼树微环境或格局调节技术	2
林分年龄结构	幼树开敞度调节或结构化森林经营中针对幼树微环境调节技术	3
林分组成	结构化森林经营中针对稀少种微环境调节技术，必要时更换树种	4
林分密度	抚育间伐或补植目的树种	5
林分长势	目标树培育或结构化森林经营中针对目标树微环境调节技术，同时进行地力维护	6
顶极种竞争	结构化森林经营中的针对顶极种微环境调节技术	7
林分更新	在制造林窗的同时促进天然更新或人工种植目的树种，紧跟其后还要开展更新抚育	8

4.2 两个林分状态指标不合理时的经营措施优先性

将林木健康状态因子单列，描述林分状态的 8 个因子中还剩余 7 个。在这 7 个因子中如果有任意 2 个因子不合理(图 4-3)，那么，共有 $C_7^2 = \dfrac{7!}{2! \times (7-2)!} = 21$ 种可能组合。现分别给出这 21 种组合问题的经营措施优先性(表 4-2)。

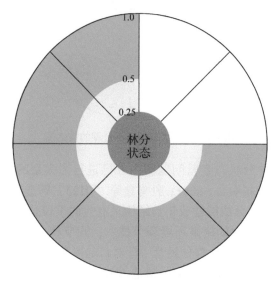

图 4-3 2 个状态指标不合理的雷达图

(1)林分空间结构与林分密度。这意味着所考察的全部林分状态因子中有绝大部分是合理的，在这个前提下仅仅需要比较，是优先采取针对林分群体的解决密度问题的方法，还是针对林分空间结构优化的林分结构调节方法。如果优先采取调整密度的抚育方法，虽然能解决密度问题但实现不了结构优化。可见，解决林分空间结构与林分密度指标同时不合理时的优先经营措施是采用结构化森林经营中针对目的树种进行微环境调节技术。

(2)林分空间结构与林分更新。造成林分更新不良可能是两个主要方面的原因，一个是林内光照不足，即林分密度过大；另一个是土壤种子库问题。由于林分密度等其他指标合理，意味着更新问题并非密度所致。林分空间结构不合理，表明成层性或水平结构出了问题。更新不良直接导致空间结构中的垂直结构(林层数)不合理。而在林分密度、组成和年龄结构等指标合理时，解决林层问题最有效的途径莫过于促成更新层的形成。而林分水平结构问题只有通过结构化森林经营得到解决。所以解决空间结构与林分更新指标同时不合理时的优先经营措施是采用结构化森林经营中针对林木分布格局调节技术，并进行促进天然更新的措施如适当割灌、松土、地被物清除等。

(3)林分空间结构与林分组成。这里林分组成不合理意味着林分中顶极种占绝对优势。林分空间结构不合理，表明成层性或水平结构出了问题，成层性问题可以通过良好的更新而自然得到恢复，而水平结构只有通过结构化森林经营得到解决。可见，解决林分空间结构与林分组成指标同时不合理的问题需要采取结构化森林经营技术中针对稀少种微环境及林木分布格局调节技术。

（4）林分空间结构与林分长势。在顶极种竞争合理的情况下，林分长势不良的主要原因不是由于立地条件差所致，而是顶极树种以外的其他树种长势不良。在林分年龄结构、林分组成和林分密度等指标良好的情况下，林分空间结构表现不佳，表现为成层性或水平格局出了问题，而在更新良好的情况下，成层性问题很可能是更新起来的幼树无法进入林冠层所致（只见幼苗不见幼树），这就需要进行幼树开敞度调节，但如果是水平格局问题则需要采用结构化森林经营。所以需要采用结构化森林经营技术中针对幼树微环境及林木分布格局调节技术。

（5）林分空间结构和顶极种或目的种竞争。林分密度、林分组成和林分长势指标没有问题，顶极种或目的种竞争出了问题的根本原因在于其竞争微环境不良。林分空间结构不合理表明成层性或水平结构出了问题，成层性问题可以通过良好的更新而自然得到恢复，而水平结构只有通过结构化森林经营得到解决。所以优先采用结构化森林经营中针对顶极种的竞争微环境调节技术。

（6）林分空间结构和林分年龄结构。林层单一必然导致直径分布单峰，这种"双单结构"只有通过促进更新的途径来解决，而在更新良好时，这种情况的出现只能说明更新起来的幼树在进入林冠层时受到阻碍，对此必须进行幼树开敞度调节。直径分布单峰也可能对应格局非随机的空间结构问题，而解决水平结构问题只能通过结构化森林经营。所以优先采用结构化森林经营中针对幼树微环境及林木分布格局调节技术。

（7）林分密度与林分更新。林分更新不良的原因有两种情况，一种是密度太大，造成林内光照不足；二是密度太稀，灌草阻碍了种子萌发或土壤种子库出了问题。解决第一个问题可择伐达到目标直径的林木。而解决第二个问题则需要栽植目的树种或割除灌草。由于林分结构和林分长势等指标合理，所以造成更新不良的直接原因是林分密度太大。因此，优先进行割灌、松土、清理地被物等促进天然更新的措施并采用密度调整的技术，如上层疏伐。

（8）林分密度与林分组成。由于林分结构和长势等指标合理，所以这里林分密度指标不合理主要表现为林分密度太大。林分组成不合理是由于稀少种比例太低。另一方面，解决组成意味着要调节树种比例或增加新的树种，仅从减少林分密度的角度很难解决林分组成问题，而解决组成问题需要采取针对稀少种竞争的结构化森林经营或更换树种。由于更新良好，所以没有必要进行更换树种。所以需要优先采用结构化森林经营中针对稀少种竞争微环境调节技术。

（9）林分密度与林分长势。林分结构合理，表明这里林分密度指标不合理，主要是林木太拥挤。而造成林分长势有问题的主要原因就是林分太密。顶极种竞争、林分结构和林分组成等指标没有问题，表明林分总体良好，发展潜力很大。所以要优先进行目标直径单株利用并在顶极种中选定目标树进行目标树培育。

（10）林分密度与顶极种竞争。林分结构合理，表明这里林分密度指标不合理主要是林木太拥挤。林分长势、林分结构和林分组成等指标没有问题，表明林分总体良好，发展潜力很大。造成顶极种竞争有问题的主要原因是非顶极种处于优势。所以优先采用结构化森林经营中针对顶极种或目的树种竞争微环境调节技术。

（11）林分密度与林分年龄结构。林分长势和林分空间结构指标合理，表明林分密度主要是太密而不是太稀的问题。林分更新指标没有问题，表明造成林分年龄结构的主要问题是部分更新幼树在进入林冠层时受到阻碍。所以需要优先采伐大径木或进行目标直径单株利用，同时进行幼树开敞度调节。

（12）林分更新与林分组成。在密度合理的情况下造成更新困难的主要原因是土壤种子库出了问题。由于林分长势和顶极种竞争指标没有问题，表明林分是以顶极种占绝对优势的林分。所以优先采用结构化森林经营中针对稀少种微环境调节技术，并进行促进天然更新的措施，如适当割灌、松土、地被物清除等。

（13）林分更新与林分长势。林分密度合理而更新不良，表明造成更新不良的主要原因是土壤种子库出了问题。顶极种竞争、林分组成和林分空间结构没有问题，表明林分总体良好，发展潜力很大。林分长势不良的主要原因是非顶极种不占优势。所以优先伐除大径木（目标直径单株利用）并进行促进天然更新的措施，如适当割灌、松土、地被物清除等。

（14）林分更新与顶极种竞争。林分长势、林分密度、林分组成和林分结构等指标没有问题，表明造成顶极种优势度不高的主要原因是其相对显著度不高或处于林冠层下。所以要采用结构化森林经营中针对顶极种竞争微环境调节技术，同时促进天然更新，如适当割灌、松土、清除地被物等。

（15）林分更新与林分年龄结构。空间结构合理而年龄结构有问题，表明林分直径分布为单峰左偏。造成直径分布左偏的主要原因是更新不良。而在密度合理的情况下，造成更新不良的原因是土壤种子库出了问题。所以优先采取促进天然更新的措施，如适当割灌、松土、清除地被物等。

（16）林分组成与林分长势。林分组成不合理，表明林分为纯林或优势树种不明显。但从顶极种或目的种优势度合理情况来看，林内还有其他树种存在，表明林分为单一树种占优势的情况。林分更新良好时没有必要栽植其他目的树种。故需要优先采用结构化森林经营中针对稀少种竞争微环境调节技术。

（17）林分组成与顶极种竞争。林分组成不合理，表明林分为纯林或优势树种不明显。林分长势指标合理而顶极种竞争不合理，表明林内有其他树种存在而并非纯林。所以优先采用结构化森林经营中针对稀少种和顶极种竞争微环境调节技术。

（18）林分组成与林分年龄结构。林分组成不合理，表明林分为纯林或优势树种不明显。林分长势、顶极种或目的种竞争、林分空间结构合理，说明这是一个由顶极种或目的种占绝对优势的林分，其内散生有其他不占优势的树种。另外，更新良好而林龄结构有问题，表明更新起来的幼树在进入林冠层时受到阻碍。所以要优先采用结构化森林经营中针对幼树和稀少种竞争微环境调节技术。

（19）林分长势与林分年龄结构。在顶极种竞争合理的情况下，林分长势指标不合理，意味着林分内有其他树种不占优势。更新良好而林龄结构有问题，表明更新起来的幼树在进入林冠层时受到阻碍。林分组成和空间结构良好，表明林分总体良好，发展潜力很大。所以要优先进行目标树培育并进行幼树开敞度调节。

（20）林分长势与顶极种竞争。林分密度、林分组成和林分结构等指标合理，表明林分总体良好，发展潜力很大。林分长势和顶极种竞争都有问题，表明立地条件太差、大径木少而小径木多。所以优先进行下层抚育并进行地力维护，如割灌、松土、施肥、种植豆科植物等。

（21）顶极种竞争与林分年龄结构。林分更新良好而林龄结构有问题，表明更新起来的幼树在进入林冠层时受到阻碍，林分长势良好而顶极种竞争有问题，表明顶极种不占优势。所以优先采用结构化森林经营中针对稀少种和顶极种竞争微环境调节技术。

表 4-2　2 个林分状态指标不合理时的经营措施优先性

状态指标	经营措施	编号
林分空间结构+林分密度	结构化森林经营中针对目的树种进行微环境调节技术	9
林分空间结构+林分更新	结构化森林经营中针对林木分布格局调节技术+促进天然更新	10
林分空间结构+林分组成	结构化森林经营中针对稀少种微环境的调节技术及林木分布格局调节技术	11
林分空间结构+林分长势	结构化森林经营中的针对幼树微环境的调节技术及林木分布格局调节技术	12
林分空间结构+顶极种竞争	结构化森林经营中的针对顶极树种竞争微环境的调节技术	13
林分空间结构+林分年龄结构	结构化森林经营技术中的针对幼树微环境及林木分布格局调节技术	14
林分密度+林分更新	有利于促进天然更新的密度调整技术，如上层疏伐	15
林分密度+林分组成	结构化森林经营中的针对稀少种竞争微环境的调节技术	16
林分密度+林分长势	目标直径单株利用+顶极种目标树培育	17
林分密度+顶极种竞争	结构化森林经营中针对顶极种或目的树种竞争微环境的调节技术	18
林分密度+林分年龄结构	采伐大径木或进行目标直径单株利用+对幼树进行开敞度调节	19
林分更新+林分组成	结构化森林经营中的针对稀少种微环境调节技术+促进天然更新	20
林分更新+林分长势	目标直径单株利用+促进天然更新	21
林分更新+顶极种竞争	结构化森林经营中针对顶极种竞争微环境的调节技术+促进天然更新	22
林分更新+林分年龄结构	促进天然更新	23
林分组成+林分长势	结构化森林经营中针对稀少种竞争微环境的调节技术	24
林分组成+顶极种竞争	结构化森林经营中针对稀少种或顶极种竞争微环境的调节技术	25
林分组成+林分年龄结构	结构化森林经营中针对幼树和稀少种竞争微环境的调节技术	26
林分长势+林分年龄结构	目标树培育+幼树开敞度调节	27
林分长势+顶极种竞争	下层抚育+维护地力	28
顶极种竞争+林分年龄结构	结构化森林经营中针对稀少种和顶极种竞争微环境的调节技术	29

4.3　三个林分状态指标不合理时的经营措施优先性

7 个林分状态因子中如果有 3 个不合理因子（图 4-4）的任意组合共有 $C_7^3 = \dfrac{7!}{3! \times (7-3)!} = 35$ 种可能（表 4-3）。

（1）林分空间结构、林分年龄结构和林分更新。林分长势、林分密度和林分组成等指标合理，表明林分为多树种混交林，具有直径分布单峰、林层单一的"双单结构"或格局非随机的单峰直径分布问题。密度适中而更新不良，明示了土壤种子库存在问题，很可能是由于草灌引起的。更新问题是解决林龄和成层性的关键。可见，解决"双单结构"需要考虑

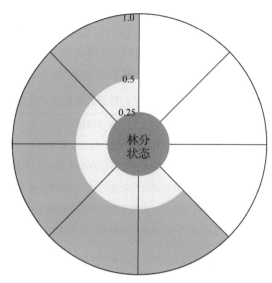

图 4-4　3 个状态指标不合理的雷达图

更新促进或幼树开敞度调节。而如果是格局问题就需要采用结构化森林经营。所以优先采用结构化森林经营中针对林木分布格局调节技术，并进行促进天然更新的措施，如适当割灌、松土、清除地被物等。

（2）林分空间结构、林分年龄结构和林分组成。林分长势良好而林分组成有问题，表明林分为顶极种占绝对优势的天然林。林分更新良好而林龄结构出了问题，表明更新幼树在进入林冠层前受到阻碍，从而造成直径分布单峰右偏、林层单一的"双单结构"或格局非随机的单峰直径分布问题。解决格局问题需要采用结构化森林经营技术中调节格局的措施，而在更新良好的情况下解决成层性问题需要针对更新起来的幼树进行幼树开敞度调节。所以优先采用结构化森林经营中针对稀少种和更新幼树竞争微环境及林木分布格局调节技术。

（3）林分空间结构、林分年龄结构和林分长势。林分组成、顶极种竞争和密度指标合理，表明林分为多树种混交林，具有直径分布单峰、林层单一的"双单结构"或格局非随机的单峰直径分布问题。顶极种竞争指标合理而林分长势不良，表明林分中其他树种不占优势。更新良好而林龄结构出了问题，表明更新幼树没有进入林冠层，故针对"双单结构"要采用幼树开敞度调节。而要解决格局非随机问题则需要结构化森林经营中格局调整措施。所以优先采用结构化森林经营中针对更新幼树竞争微环境及林木分布格局调节技术。

（4）林分空间结构、林分年龄结构和顶极种竞争。林分密度和林分组成等指标合理，表明林分为多树种混交林，具有直径分布单峰、林层单一的"双单结构"或格局非随机的单峰直径分布的特征。林分长势良好而顶极种竞争不良，表明非顶极种占优势。更新良好而林龄结构出了问题，表明更新幼树没有进入林冠层。所以要优先采用结构化森林经营中针对顶极种和更新幼树竞争微环境及林木分布格局调节技术。

（5）林分空间结构、林分年龄结构和林分密度。林分长势和林分组成等指标合理，表明林分是多树种密集生长的混交林，具有直径分布单峰、林层单一的"双单结构"或格局非随机的单峰直径分布的特征。林分更新良好而林龄结构出了问题，表明更新幼树没有进入林冠层。所以要优先采用结构化森林经营中针对更新幼树竞争微环境及林木分布格局调节技术。

（6）林分空间结构、林分长势和林分密度。林分组成、更新和林分年龄结构指标合理，表明林分是单层、多树种密集生长的混交异龄林。林分空间结构不合理表明成层性或水平结构出了问题，成层性问题可以通过良好的更新而自然得到恢复，而水平结构只有通过结构化森林经营得到解决。所以优先采用结构化森林经营中针对中、大径木分布格局调节技术。

（7）林分空间结构、林分长势和顶极种竞争。林分密度、林分组成和林龄结构指标合理，表明林分为多树种混交林。林分空间结构不合理表明成层性或水平结构出了问题，成层性问题可以通过良好的更新而自然得到恢复，而水平结构只有通过结构化森林经营得到解决。林分长势和顶极种优势度都有问题，表明立地条件差、大径木少而小径木多，所以要采用结构化森林经营中针对顶极种竞争微环境调节技术，同时进行地力维护措施如割灌、松土、施肥、栽植豆科植物等。

（8）林分空间结构、林分长势和林分更新。顶极种竞争、林龄结构、组成和密度等指标合理，表明林分为多树种混交林。更新不良主要原因可能在于土壤种子库方面，直接影响了成层性。而如果空间结构是由于水平结构引起，则需要结构化森林经营。所以优先采用结构化森林经营中针对中、大径木竞争微环境及林木分布格局调节技术，并进行促进天然更新的措施如适当割灌、松土、清除地被物等。

（9）林分空间结构、林分长势和林分组成。顶极种竞争合理而林分长势有问题，表明林分是顶极种占绝对优势的单优群落，其他树种不占优势。林分空间结构不合理表明成层性或水平结构出了问题，成层性问题可以通过良好的更新而自然得到恢复，而水平结构只能通过结构化森林经营技术得到解决。所以要优先采用结构化森林经营中针对稀有种和更新幼树竞争微环境及林木分布格局调节技术。

（10）林分空间结构、顶极种竞争和林分密度。林分长势指标合理而顶极种竞争出了问题，表明林分为顶极种不占优势的密集生长的混交林。林分空间结构不合理表明成层性或水平结构出了问题，成层性问题可以通过良好的更新而自然得到恢复，而水平结构只有通过结构化森林经营得到解决。所以优先采用结构化森林经营中针对顶极种竞争微环境及林木分布格局调节技术。

（11）林分空间结构、顶极种竞争和林分更新。林分长势指标合理而顶极种竞争出了问题，表明顶极种不占优势。组成和年龄结构等指标合理，表明林分是多树种异龄混交林。更新不良是造成林分空间结构问题（如林层单一）的主要原因，另一方面说明土壤种子库出了问题。所以要优先采用结构化森林经营中针对顶极种竞争微环境及林木分布格局调节技术并进行适当割灌、松土、清除地被物的促进天然更新的措施。

（12）林分空间结构、顶极种竞争和林分组成。林分长势指标合理而顶极种竞争出了问题，表明顶极种不占优势。林分空间结构不合理表明成层性或水平结构出了问题，成层性问题可以通过良好的更新而自然得到恢复，而水平结构只有通过结构化森林经营得到解决。所以要优先采用结构化森林经营中针对稀少种和顶极种竞争微环境及林木分布格局调节技术。

（13）林分空间结构、林分更新和林分密度。林分组成、林分长势和林分年龄结构指标合理，表明林分是多树种密集生长的混交林。林分空间结构不合理表现在成层性和格局非随机。要解决格局非随机需要采用结构化森林经营中的格局调整措施。更新不良容易造成成层性不合理，而造成更新不良的主要原因是密度问题。所以要优先采用结构化森林经营中针对林分中的中、大径木分布格局调节技术，并对非目的树种进行上层疏伐。

（14）林分空间结构、林分更新和林分组成。顶极种竞争、林分密度和林分年龄结构指标合理，表明是密度适中、树种单一的异龄林。林分空间结构不合理表现在成层性和格局非随机。要解决格局非随机需要采用结构化森林经营技术中的格局调整措施。更新不良容易造成成层性不合理，更新不良说明土壤种子库有问题。所以要优先采用结构化森林经营中针对稀有种竞争微环境及林木分布格局调节技术，并进行适当割灌、松土、清除地被物的促进天然更新的措施。

（15）林分空间结构、林分组成和林分密度。林分长势、顶极种竞争和林分年龄结构指标合理，表明林分属于密集生长、树种单一的异龄林。林分空间结构不合理表明成层性或水平结构出了问题，成层性问题可以通过良好的更新而自然得到恢复，而水平结构只有通过结构化森林经营得到解决。所以要优先采用结构化森林经营中针对稀少种竞争微环境及林木分布格局调节技术。

（16）林分年龄结构、林分长势和顶极种竞争。林分密度、空间结构和组成等指标合理，表明林分为多树种混交林。长势和顶极种竞争都有问题，表明立地条件差。更新良好而林龄结构有问题，表明更新幼树在进入林冠层时受到阻碍。所以要优先采用结构化森林经营中针对顶极种和更新幼树竞争微环境及林木分布格局调节技术，并进行地力维护，如割灌、松土、施肥、栽植豆科植物等措施。

（17）林分年龄结构、林分长势和林分更新。顶极种竞争、空间结构、林分组成和密度等指标合理，表明林分为直径分布为单峰的多树种混交林，发展潜力很大。林分密度合理而更新有问题，说明土壤种子库有问题。故优先进行目标树培育并进行促进天然更新的措施，如适当割灌、松土、清除地被物等。

（18）林分年龄结构、林分长势和林分组成。顶极种竞争合理而林分长势出了问题，表明林内有少量非顶极种。空间结构、更新良好而林龄结构有问题，表明进界株数少，说明部分更新幼树在进入林冠层时受到阻碍。所以要优先采用结构化森林经营中针对稀少种和幼树的竞争微环境调节技术。

（19）林分年龄结构、林分长势和林分密度。顶极种竞争和组成等指标合理，表明林分为多树种密集生长的混交林。顶极种竞争合理而林分长势出了问题，表明林内小径木多大径木少。空间结构、更新良好而林龄结构有问题，表明进界株数少，说明部分更新幼树在进入林冠层时受到阻碍。所以需要进行目标树培育并进行幼树开敞度调节。

（20）林分年龄结构、顶极种竞争和林分更新。林分长势、林分空间结构、组成和密度等指标合理，表明林分直径分布为单峰的多树种混交林。林分长势指标合理而顶极种竞争出了问题，表明林分其他树种优势而顶极种不占优势。密度合理而更新有问题，说明土壤种子库有问题。故需要优先采用结构化森林经营中针对顶极种的竞争微环境调节技术，并进行促进天然更新的措施，如适当割灌、松土、清除地被物等。

（21）林分年龄结构、顶极种竞争和林分组成。林分长势指标合理而顶极种竞争出了问题，表明林分其他树种具有优势而顶极种不占优势。空间结构、更新良好而林龄结构有问题，表明进界株数少，说明部分更新幼树在进入林冠层时受到阻碍。故需要优先采用结构化森林经营中针对幼树、稀少种和顶极种竞争微环境调节技术。

（22）林分年龄结构、顶极种竞争和林分密度。林分长势、林分空间结构和组成等指标合理，表明林分为直径分布为单峰的、多树种林木密集生长的混交林。长势指标合理而顶极种竞争出了问题，表明林分其他树种占优势而顶极种不占优势。空间结构、更新良好而林龄结构有问题，表明进界株数少，说明部分更新幼树在进入林冠层时受到阻碍。故需要优先采用结构化森林经营中针对幼树和顶极种竞争微环境调节技术。

（23）林分年龄结构、更新和林分组成。林分长势、林分空间结构和密度等指标合理，表明林分为复层林。空间结构良好而林龄结构有问题，表明进界株数少，说明部分更新幼树在进入林冠层时受到阻碍。密度合理而更新有问题，说明土壤种子库有问题。故需要优先采用结构化森林经营中针对稀少种竞争微环境调节技术，并进行促进天然更新的措施，如适当割灌、松土、地被物清除等。

（24）林分年龄结构、林分更新和林分密度。林分长势、林分空间结构和组成等指标合理，表明林分直径分布为单峰的多树种密集生长的混交林，发展潜力很大。空间结构良好而林龄结构有问题，表明进界株数少，说明部分更新幼树在进入林冠层时受到阻碍。造成更新不良的主要原因是密度问题。故需要优先采用目标树培育技术，伐除部分大径木。

（25）林分年龄结构、林分组成和林分密度。林分长势和林分空间结构等指标合理，表明林分为密集生长的天然复层林。空间结构良好表明垂直和水平结构等没有问题，组成问题主要是顶极种占绝对优势而稀少种数量不足。空间结构、更新良好而林龄结构有问题，表明进界株数少，说明部分更新幼树在进入林冠层时受到阻碍。故需要优先采用结构化森林经营中针对稀少种和幼树竞争微环境调节技术。

（26）林分长势、顶极种竞争和林分更新。林分空间结构和组成等指标合理，表明林分为多树种混交异龄林。林分长势和顶极种竞争都不合理，表明立地条件差。密度合理而更新有问题，说明造成更新问题是由于土壤种子库出了问题。故需要优先采取目标树培育并进行促进天然更新和提高地力的措施，如适当割灌、松土、地被物清除、施肥、栽植豆科植物等。

（27）林分长势、顶极种竞争和林分组成。空间结构和林分年龄结构等指标合理而林分组成不合理，表明林分为优势树种不明显的异龄林。林分长势和顶极种竞争都不合理，表明立地条件差、大径木少而小径木多。故需要优先采用结构化森林经营中针对稀少种和顶极种竞争微环境调节技术，并进行地力维护，如割灌、松土、施肥、栽植豆科植物等措施。

（28）林分长势、顶极种竞争和林分密度。这种境况可分为林分密度太小和林分密度太大两种。对于密度太稀，通过栽植目的树种即可。但对于林分密度过密则需要仔细斟酌。林分组成和林分空间结构等指标合理，表明林分为多树种密集生长的混交异龄林。林分长势和顶极种竞争同时有问题，表明立地条件差、大径木少而小径木多。所以需要进行目标树培育并进行地力维护，如割灌、松土、施肥、栽植豆科植物等措施，必要时栽植目的树种。

（29）林分长势、林分更新和林分组成。结构和顶极种竞争等指标合理，表明林分为树种单一的异龄林。密度合理而更新有问题说明土壤种子库有问题。空间结构合理意味着水平结构和成层性没有问题。林分组成问题主要是稀少种数量相对不足。故需要优先采用结构化森林经营中针对稀少种竞争微环境调节技术并进行促进天然更新的措施，如适当割灌、松土、清除地被物等。

（30）林分长势、林分更新和林分密度。林分组成、林分空间结构和顶极种竞争等指标合理，表明林分为多树种密集生长的混交异龄林。造成更新不良的主要原因是密度问题。顶极种具有竞争优势而林分长势不良，表明林内其他非顶极种小径木多。故需要优先进行抚育间伐。

（31）林分长势、林分组成和林分密度。林分结构和顶极种竞争等指标合理，表明林分为顶极种优势而其他树种不占优势的异龄林。密度不合理而空间结构和更新良好说明成层性特别明显。林分空间结构不合理表明成层性或水平结构出了问题，成层性问题可以通过良好的更新而自然得到恢复，而水平结构只有通过结构化森林经营得到解决。故需要优先采用结构化森林经营中针对稀少种竞争微环境调节技术。

（32）顶极种竞争、林分更新和林分组成。林分长势和林分空间结构等指标合理，表明林分为非顶极种占优势的异龄林。密度合理而更新有问题说明土壤种子库有问题。空间结构合理意味着水平结构和成层性没有问题。组成问题主要是顶极种和稀少种数量相对不足。故需要优先采用结构化森林经营技术中针对顶极种和稀少种竞争微环境调节技术并进行促进天然更新的措施，如适当割灌、松土、清除地被物等。

（33）顶极种竞争、林分更新和林分密度。林分长势、林分空间结构和林分组成没有问题，而顶极种的优势度和更新出现问题，这是一种演替早期非顶极种为主的天然异龄密集生长的混交林。更新不良主要是密度引起。故需要优先采用结构化森林经营中针对顶极种竞争微环境调节技术并伐除非建群树种大径木。

（34）林分更新、林分组成和林分密度。林分结构和顶极种竞争等没有问题，表明林分是顶极种占绝对优势的密集生长的异龄林。空间结构合理意味着水平结构和成层性没有问题。组成问题主要是顶极种占绝对优势，稀少种数量相对不足。更新不良主要是密度所致。所以要优先采用结构化森林经营中针对稀少种竞争微环境调节技术并进行目标直径利用。

（35）顶极种竞争、林分组成和林分密度。林分结构和生长良好，表明林分是顶极种不占优势的密集生长的复层异龄林。林分组成不合理是由于稀少种比例太低。解决组成不合理的问题意味着要调节树种比例或增加新的树种，由于林分更新和结构良好，所以没有必要更换树种。所以要优先采用结构化森林经营中针对稀少种和顶极种竞争微环境调节技术。

表 4-3 3 个林分状态指标不合理时的经营措施优先性

状态指标	经营措施	编号
空间结构+年龄结构+更新	结构化森林经营中针对林木分布格局调节技术+促进天然更新	30
空间结构+年龄结构+组成	结构化森林经营中针对稀少种和更新幼树竞争微环境调节及林木分布格局调节技术	31
空间结构+年龄结构+林分长势	结构化森林经营中针对幼树竞争微环境及林木分布格局调节技术	32
空间结构+年龄结构+竞争	结构化森林经营中针对顶极种和更新幼树竞争微环境及林木分布格局调节技术	33

（续）

状态指标	经营措施	编号
空间结构+年龄结构+密度	结构化森林经营中针对更新幼树微环境及林木分布格局调节技术	34
空间结构+林分长势+密度	结构化森林经营中针对中、大径木分布格局调节技术	35
空间结构+林分长势+竞争	结构化森林经营中针对顶极种竞争微环境调节技术+地力维护	36
空间结构+林分长势+更新	结构化森林经营中针对中、大径木竞争微环境及林木分布格局调节技术+促进天然更新	37
空间结构+林分长势+组成	结构化森林经营中针对稀有种和更新幼树竞争微环境及林木分布格局调节技术	38
空间结构+竞争+密度	结构化森林经营中针对顶极种竞争微环境及林木分布格局调节技术	39
空间结构+竞争+更新	结构化森林经营中针对顶极种竞争微环境及林木分布格局调节技术+促进天然更新	40
空间结构+竞争+组成	结构化森林经营中针对稀少种和顶极种竞争微环境及林木分布格局调节技术	41
空间结构+更新+密度	结构化森林经营中针对林分中的中、大径木格局调节技术+对非目的种进行上层疏伐	42
空间结构+更新+组成	结构化森林经营中针对稀少种竞争微环境及林木分布格局调节技术+促进天然更新	43
空间结构+组成+密度	针对稀少竞争微环境及林木分布格局调节技术	44
年龄结构+林分长势+竞争	结构化森林经营中针对顶极种和更新幼树竞争微环境及林木分布格局调节技术+地力维护	45
年龄结构+林分长势+更新	目标树培育+促进天然更新	46
年龄结构+林分长势+组成	结构化森林经营针对稀少种和幼树竞争微环境调节技术	47
年龄结构+林分长势+密度	目标树培育+幼树开敞度调节	48
年龄结构+竞争+更新	结构化森林经营中针对顶极种的竞争微环境调节技术+促进天然更新	49
年龄结构+竞争+组成	结构化森林经营中针对幼树、稀少种和顶极种的竞争微环境调节技术	50
年龄结构+竞争+密度	结构化森林经营中针对幼树和顶极种竞争微环境调节技术	51
年龄结构+更新+组成	结构化森林经营中针对稀少种竞争微环境调节技术+促进天然更新	52
年龄结构+更新+密度	目标树培育+上层疏伐	53
年龄结构+组成+密度	结构化森林经营中针对稀少种和幼树竞争微环境调节技术	54
林分长势+竞争+更新	目标树培育+促进天然更新+地力维护	55
林分长势+竞争+组成	结构化森林经营中针对稀少种和顶极种竞争微环境调节技术+地力维护	56
林分长势+竞争+密度	目标树培育+地力维护，必要时栽植目的树种	57
林分长势+更新+组成	结构化森林经营中针对稀少种竞争微环境调节技术+促进天然更新	58
林分长势+更新+密度	抚育间伐	59
林分长势+组成+密度	结构化森林经营中针对稀少种竞争微环境调节技术	60
竞争+更新+组成	结构化森林经营中针对顶极种和稀少种竞争微环境调节技术+促进天然更新	61
竞争+更新+密度	结构化森林经营中针对顶极种竞争微环境调节技术+伐除非目的树种大径木	62
更新+组成+密度	结构化森林经营中针对稀少种竞争微环境调节技术+目标直径利用	63
竞争+组成+密度	结构化森林经营中针对稀少种和顶极种竞争微环境调节技术	64

4.4　四个林分状态指标不合理时的经营措施优先性

7个因子中如果有4个不合理因子任意组合(图4-5)，共有 $C_7^4 = \dfrac{7!}{4! \times (7-4)!} = 35$ 种可能(表4-4)。

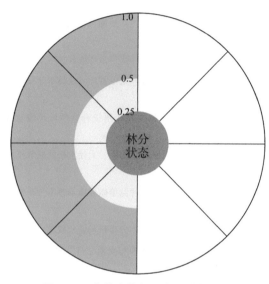

图4-5　4个状态指标不合理的雷达图

(1)林分空间结构、林分年龄结构、林分长势和顶极种竞争。林分密度和林分组成没有问题，意味着林分为多树种密度适中的混交林。空间结构和林龄结构不合理，表明林分具有直径分布单峰、林层单一的"双单结构"或格局非随机的单峰直径分布问题。生长不良，表明立地条件差、大径木少而小径木多。更新良好而林分结构有问题，说明更新幼树在进入林冠层时受到阻碍，需要进行幼树开敞度调节。而解决格局非随机性需要结构化森林经营。开敞度调节虽能解决幼树生长问题但解决不了格局问题，而针对幼树促进的结构化森林经营既可以解决结构问题又可以解决幼树开敞度问题。所以要优先采用结构化森林经营技术中针对顶极种和幼树竞争微环境及林木分布格局调节技术，同时维护地力，如割灌、松土、施肥、栽植豆科植物等。

(2)林分空间结构、林分年龄结构、林分长势和林分更新。密度和组成合理，表明林分为多树种混交林。空间结构和林龄结构不合理，表明林分具有直径分布单峰、林层单一的"双单结构"或格局非随机的单峰直径分布问题。顶极种竞争合理而生长不良，表明林内大径级林木比例小而小径木多。造成"双单结构"的主要原因是更新不良。更新不良的原因在土壤种子库。解决非随机的单峰直径分布的问题需要结构化森林经营。所以要优先采用结构化森林经营中针对中、大径木分布格局调节技术，同时进行适当割灌、松土、清除地被物的促进天然更新措施。

(3)林分空间结构、林分年龄结构、林分长势和林分组成。顶极种优势度合理而生长不良，表明这是一个顶极种占绝对优势，大径级林木比例小而小径木多的林分。空间结构和林龄结构不合理，表明林分具有直径分布单峰、林层单一的"双单结构"或格局非随机的单峰直径分布问题。林分密度和更新没有问题，表明造成"双单结构"的主要原因是更新起来的幼树在进入林冠层时受到阻碍。解决非随机的单峰直径分布的问题需要结构化森林经营。所以要优先采用结构化森林经营中针对幼树微环境及林木分布格局调节技术。

（4）林分空间结构、林分年龄结构、林分长势和林分密度。林分树种多样且顶极种具有优势、林木密集生长。空间结构和林龄结构不合理，表明林分具有直径分布单峰、林层单一的"双单结构"或格局非随机的单峰直径分布问题。更新良好，表明造成"双单结构"的主要原因是更新起来的幼树在进入林冠层时受到阻碍。解决非随机的单峰直径分布林分的问题需要结构化森林经营。所以要优先采用结构化森林经营中针对幼树竞争微环境及林木分布格局调节技术。

（5）林分年龄结构、林分长势、顶极种竞争和林分更新。林分长势和顶极种竞争不良，表明立地条件差、大径木少而小径木多。空间结构和组成没有问题，表明林分树种多样、层次分明。林龄结构不合理而空间结构合理，表明林分直径分布为单峰，进界生长（株数）少，更新不良是造成这个问题的主要原因。密度合理而更新不良的主要原因是土壤种子库出了问题。所以要优先采用结构化森林经营中针对顶极种竞争微环境调节技术并进行促进地力和天然更新的措施，如适当割灌、松土、清除地被物、施肥、栽植豆科植物等。

（6）林分年龄结构、林分长势、顶极种竞争和组成。林分长势和顶极种竞争不良，表明立地条件差、大径木少而小径木多。林龄结构不合理而空间结构合理，表明林分直径分布为单峰，进界生长（株数）少，部分更新幼树在进入林冠层时受到阻碍。组成不合理表明树种多样性低。所以要优先采用结构化森林经营中针对顶极种微环境调节技术，并进行幼树开敞度调节和地力维护，如割灌、松土、施肥、栽植豆科植物等。

（7）林分年龄结构、林分长势、顶极种竞争和林分密度。这种情况可分为林分密度太小和林分密度太大两种。对于密度太稀，通过栽植目的树种即可。但对于林分密度过密则需要仔细斟酌。空间结构和组成等指标合理，表明林分为多树种混交林。生长和顶极种竞争不良，表明立地条件差、大径木少而小径木多。更新良好、林龄结构不合理而空间结构合理，表明林分直径分布为单峰，进界株数少，部分更新幼树在进入林冠层时受到阻碍。所以要优先采用结构化森林经营中针对顶极种微环境调节和幼树开敞度调节技术，同时进行地力维护，如割灌、松土、施肥、栽植豆科植物等，必要时栽植目的树种。

（8）林分长势、顶极种竞争、林分更新和林分组成。林分空间结构和年龄结构等指标合理，表明林分为复层异龄林。林分组成、生长和顶极种竞争都不合理，表明立地条件差，非顶极种占优势，大径木少而小径木多。密度合理而更新不良，表示造成更新不良的问题主要是由于土壤种子库出了问题。所以要优先采用结构化森林经营中针对顶极种和稀少种竞争微环境调节技术，并进行适当割灌、松土、施肥、栽植豆科植物等促进更新与维护地力的措施。

（9）林分长势、顶极种竞争、林分更新和林分密度。这种情况可分为林分密度太小和林分密度太大两种。对于密度太稀，通过栽植目的树种即可。但对于林分密度过密则需要仔细斟酌。林分结构和组成等指标合理，表明林分为多树种混交异龄林，非顶极种占优势。生长和顶极种竞争都不合理，表明立地条件差、大径木少而小径木多。密度和更新有问题，说明造成更新问题是由于密度所致并非土壤种子库的问题。故需要优先采用结构化森林经营中针对顶极种竞争微环境调节技术，并进行割灌、松土、施肥、栽植豆科植物等维护地力的措施，必要时栽植目的树种。

（10）林分长势、顶极种竞争、林分更新和林分空间结构。林分长势和顶极种竞争都不合理，表明立地条件差、大径木少而小径木多。林龄结构合理而空间结构不合理，表明结构问题是由于水平结构不良造成。密度合理而更新有问题，说明更新问题是由于土壤种子库出了问题。故需要优先采用结构化森林经营中针对顶极种竞争微环境和分布格局调整技术并进行适当割灌、松土、施肥、栽植豆科植物等促进更新与维护地力的措施。

（11）顶极种竞争、林分更新、林分组成和林分密度。林分长势、林分空间结构和年龄结构等指标合理，表明林分为非顶极种占优势的异龄林。密度和更新有问题，说明造成更新问题是由于林分太密所致并非土壤种子库的问题。故优先采用结构化森林经营中针对顶极种和稀少种竞争微环境调节技术，并采伐利用达到目标直径林木。

（12）顶极种竞争、林分更新、林分组成和林分空间结构。生长指标合理而顶极种竞争出了问题，表明顶极种不占优势。林分空间结构指标不合理而林龄指标合理，表明空间结构问题主要是由于水平结构有问题。密度合理而更新不良，说明土壤种子库出了问题。所以优先采用结构化森林经营中针对顶极种竞争微环境和林木分布格局调节技术，并在林下人工栽植目的树种。

（13）顶极种竞争、林分更新、林分组成和林分年龄结构。林分长势指标合理而顶极种竞争出了问题，表明顶极种不占优势。林分空间结构指标合理而年龄结构指标不合理，表明直径分布单峰，进界株数少。进界株数少主要是更新不良或更新幼树在进入林冠层时受到阻碍。密度合理而更新不良，说明土壤种子库出了问题。所以优先采用结构化森林经营中针对顶极种竞争微环境调节技术，并在林下人工栽植目的树种。

（14）林分更新、林分组成、林分密度和林分空间结构。顶极种竞争和林龄结构等没有问题，表明林分是顶极种占绝对优势的密集生长的异龄林。密度和更新有问题，说明造成更新问题是由于密度所致并非土壤种子库的问题。所以优先采用结构化森林经营中针对稀少种竞争微环境调节技术。

（15）林分更新、林分组成、林分密度和林分年龄结构。林分空间结构合理而林龄结构出了问题，林分是顶极种占绝对优势的密集生长的异龄林，直径分布单峰，进界株数少。进界株数少主要是更新不良或更新幼树在进入林冠层时受到阻碍。密度和更新有问题，说明造成更新问题是由于密度所致并非土壤种子库的问题。所以优先采用结构化森林经营中针对稀少种竞争微环境调节技术，并对达到目标直径的顶极种进行采伐利用。

（16）林分更新、林分组成、林分密度和林分长势。林分结构没有问题而密度、组成有问题，表明林分为顶极树种占优势，密集生长的混交异龄林，林内大径木少而小径木多。密度有问题，表明更新问题并非是土壤种子库引起而是林分太密。所以优先采用结构化森林经营中针对稀少种竞争微环境调节技术，并对顶极种进行目标树培育。

（17）林分组成、林分密度、林分空间结构和林分年龄结构。林分组成、林分空间结构和年龄结构不合理，表明林分树种单一，顶极种占绝对优势，结构简单，具有直径分布单峰、林层单一的"双单结构"或格局非随机的单峰直径分布问题。更新良好而林龄结构出了问题，表明更新幼树没有进入林冠层，解决非随机的单峰直径分布的问题需要结构化森林经营。所以要优先采用结构化森林经营中针对幼树竞争微环境调节技术。

(18)林分组成、林分密度、林分空间结构和林分长势。顶极种竞争合理而生长有问题，表明林分是一顶极种占绝对优势的单优群落，其他树种不占优势。林分空间结构不合理表明成层性或水平结构出了问题，成层性问题可以通过良好的更新而自然得到恢复，而水平结构只有通过结构化森林经营得到解决。所以要优先采用结构化森林经营中针对稀少种竞争微环境调节技术。

(19)林分组成、林分密度、林分空间结构和顶极种竞争。林分长势指标合理而顶极种竞争出了问题，表明顶极种不占优势。林分空间结构不合理表明成层性或水平结构出了问题，成层性问题可以通过良好的更新而自然得到恢复，而水平结构只有通过结构化森林经营得到解决。所以要优先采用结构化森林经营中针对顶极种竞争微环境调节技术。

(20)林分密度、林分空间结构、林分年龄结构和顶极种竞争。林分长势和组成等指标合理，表明林分为"双单结构"或格局非随机的单峰直径分布的多树种密集生长的混交林。更新良好而林龄结构出了问题，表明更新幼树没有进入林冠层。解决非随机的单峰直径分布的问题需要结构化森林经营。所以要优先采用结构化森林经营中针对顶极种和幼树竞争微环境调节技术。

(21)林分密度、林分空间结构、林分年龄结构和林分更新。林分空间结构和林龄结构不合理，表明林分具有直径分布单峰、林层单一的"双单结构"或格局非随机的单峰直径分布问题。更新不良是造成"双单结构"的主要原因，而造成更新不良的主要原因是林分太密。解决这个问题仅仅需要进行上层疏伐。而解决格局非随机的问题，需要结构化森林经营。所以解决"林分密度、林分空间结构、年龄结构和林分更新"问题优先采用结构化森林经营中针对中、大径木分布格局调节技术。

(22)林分空间结构、林分年龄结构、顶极种竞争和林分更新。林分空间结构和林龄结构不合理，表明林分具有直径分布单峰、林层单一的"双单结构"或格局非随机的单峰直径分布问题。更新不良是造成"双单结构"的主要原因，在密度合理的情况下，造成更新不良的主要原因是土壤种子库出了问题，所以要进行割灌、松土、清除地被物以促进天然更新的措施。而解决格局非随机和顶极种竞争的问题，需要结构化森林经营。所以解决"林分空间结构、林分年龄结构、顶极种竞争和林分更新"的问题需要优先采用结构化森林经营中针对顶极种竞争微环境及林木分布格局调节技术，并进行适当割灌、松土、清除地被物以促进天然更新。

(23)林分空间结构、林分年龄结构、顶极种竞争和林分组成。林分长势良好而顶极种竞争弱势，表明非顶极种占绝对优势。林分空间结构和林龄结构不合理，表明林分具有直径分布单峰、林层单一的"双单结构"或格局非随机的单峰直径分布问题。更新良好而林龄结构出了问题，表明更新幼树没有进入林冠层，所以需要进行幼树开敞度调节。而解决格局非随机、组成和顶极种竞争的问题需要结构化森林经营。所以解决"林分空间结构、林分年龄结构、顶极种竞争和组成"的问题需要优先采用结构化森林经营中针对稀少种、幼树和顶极种竞争微环境及林木分布格局调节技术。

(24)林分年龄结构、林分长势、林分更新和林分组成。顶极种竞争合理而林分长势出了问题，表明林内大径木少而小径木多。林分组成不合理，表明林分为顶极种占绝对优势、其他树种不占优势的混交林；空间结构良好而林龄结构有问题，表明直径分布单峰。密度合理而更新不良，表明造成更新不良的主要原因在土壤种子库。所以需要优先采用结构化森林经营中针对稀少种竞争微环境调节技术，并进行促进天然更新的措施如割灌、松土、清除地被物等。

（25）林分年龄结构、林分长势、林分更新和林分密度。顶极种竞争合理而林分长势出了问题，表明林内大径木少而小径木多。空间结构良好而林龄结构有问题，表明直径分布单峰。林分密度和更新有问题，说明造成更新不良很可能是由于林分太密引起。所以优先进行目标树培育和目标直径利用。

（26）林分长势、顶极种竞争、林分组成和林分密度。这种情况可分为林分密度太小和林分密度太大两种。对于密度太稀，优先进行目的树种栽植措施。但对于林分密度过密则需要仔细斟酌。林分空间结构和年龄结构等指标合理，表明林分为单优树种异龄林。生长和顶极种竞争都不合理，表明立地条件差、大径木少而小径木多。所以需要优先采用结构化森林经营中针对顶极种竞争微环境调节技术，并进行地力维护，如割灌、松土、施肥、栽植豆科植物等，必要时人工栽植目的树种。

（27）林分长势、顶极种竞争、林分组成和林分空间结构。林分长势和顶极种竞争都不合理，表明立地条件差。林分空间结构不合理表明成层性或水平结构出了问题，成层性问题可以通过良好的更新而自然得到恢复，而水平结构只有通过结构化森林经营得到解决。所以需要优先采用结构化森林经营中针对幼树和顶极种竞争微环境调节技术，并进行地力维护措施，如割灌、松土、施肥、栽植豆科植物等。

（28）顶极种竞争、林分更新、林分密度和林分空间结构。林分长势指标合理而顶极种竞争出了问题，表明顶极种不占优势。组成和年龄结构等指标合理，表明林分是多树种异龄混交林。林龄结构合理而更新不良，说明土壤种子库出了问题。林分空间结构出了问题表现在成层性差或格局的非随机分布。密度不合理造成更新问题从而使垂直结构单一，需要伐除非顶极种大树。解决格局非随机需要结构化森林经营。所以面对"顶极种竞争、林分更新、林分密度和林分空间结构"问题需要优先采用结构化森林经营中针对幼树和顶极种竞争微环境调节技术。

（29）顶极种竞争、林分更新、林分密度和林分年龄结构。林分长势良好而顶极种竞争弱势，表明非顶极种占优势。林分结构和组成等指标合理，表明林分直径分布为单峰的多树种密集生长的混交林。更新有问题说明土壤种子库有问题。故需要优先采用结构化森林经营中针对更新幼树和顶极种竞争微环境调节技术，并人工栽植目的树种。

（30）林分更新、林分组成、林分空间结构和林分年龄结构。林分组成和结构指标不合理，表明林分为顶极种占绝对优势的天然林。林分空间结构和林龄结构不合理，表明林分具有直径分布单峰、林层单一的"双单结构"或格局非随机的单峰直径分布问题。更新不良是造成"双单结构"的主要原因。在密度合理的情况下，造成更新不良的主要原因是土壤种子库出了问题，所以要进行割灌、松土、清除地被物以促进天然更新。而解决格局非随机和组成的问题，需要结构化森林经营。所以解决"林分更新、林分组成、林分空间结构和林分年龄结构"的问题，需要优先采用结构化森林经营中针对稀少种和更新幼树竞争微环境及林木分布格局调节技术，并进行适当割灌、松土、清除地被物以促进天然更新。

（31）林分更新、林分组成、林分空间结构和林分长势。林龄结构合理，表明林分为异龄林。密度合理而更新不良主要原因可能在于土壤种子库出了问题，直接影响了成层性。更新不良造成空间结构问题可以通过促进更新的途径来解决。林分空间结构中的格局非随机问题只有通过结构化森林经营途径解决。顶极种竞争指标合理而生长不良，表明林分中大径木个体少而小径木多。所以面对"林分更新、林分组成、林分空间结构和林分长势"问题，需要优先采用结构化森林经营中针对稀少种和更新幼树竞争微环境及林木分布格局调节技术，并进行促进天然更新的措施，如适当割灌、松土、清除地被物等。

（32）林分组成、林分密度、林分年龄结构和林分长势。顶极种竞争合理而林分长势出了问题，表明林分顶极种占优势，中大径木个体少而小径木多。林分空间结构、更新良好而林龄结构有问题，表明直径分布单峰，进界株数少，说明部分更新幼树在进入林冠层时受到阻碍。所以需要优先采用结构化森林经营中针对稀少种和更新幼树微环境调节技术。

（33）林分组成、林分密度、林分年龄结构和顶极种竞争。林分长势良好而顶极种竞争出了问题，表明林内顶极种不占优势，林内有非目的种的大径木。空间结构、更新良好而林龄结构有问题，表明直径分布单峰，进界株数少，说明部分更新幼树在进入林冠层时受到阻碍。所以需要优先采用结构化森林经营中针对顶极种竞争微环境调节技术，并进行目标直径采伐利用。

（34）林分密度、林分空间结构、林分长势和顶极种竞争。这种境况可分为林分密度太小和林分密度太大两种。对于密度太稀，优先进行目有树种栽植措施。但对于林分密度过密则需要仔细斟酌。林分组成良好，而生长指标和顶极种竞争都有问题，表明林分为混交林，立地条件差、大径木少而小径木多。林分空间结构不合理表明成层性或水平结构出了问题，成层性问题可以通过良好的更新而自然得到恢复，而水平结构只有通过结构化森林经营得到解决。所以优先采用结构化森林经营中针对顶极种竞争微环境及林木分布格局调节技术，必要时栽植目的树种。

（35）林分密度、林分空间结构、林分长势和林分更新。顶极种竞争合理而林分长势指标有问题，表明林分顶极种占优势，中大径木个体少而小径木多，其他树种生长不良。林分组成和年龄结构指标合理，表明林分为密集生长的混交异龄林。更新不良主要是林分太密所致。成层性问题可以通过促进更新来实现，而水平结构只有通过结构化森林经营得到解决。所以面对"林分密度、林分空间结构、林分长势和林分更新"的问题需要优先采用结构化森林经营中针对中、大径木的竞争微环境及林木分布格局调节技术。

表4-4　4个林分状态指标不合理时的经营措施优先性

状态指标	经营措施	编号
空间结构＋年龄结构＋林分长势＋竞争	结构化森林经营中针对顶极种和幼树竞争微环境及林木分布格局调节技术＋地力维护	65
空间结构＋年龄结构＋林分长势＋更新	结构化森林经营中针对中、大径木格局调节技术＋促进天然更新	66
空间结构＋年龄结构＋林分长势＋组成	结构化森林经营中针对幼树微环境及林木分布格局调节技术	67
空间结构＋年龄结构＋林分长势＋密度	结构化森林经营中针对幼树竞争微环境及林木分布格局调节技术	68
年龄结构＋林分长势＋竞争＋更新	结构化森林经营中针对顶极种竞争微环境调节技术＋地力维护＋促进天然更新	69

（续）

状态指标	经营措施	编 号
年龄结构＋林分长势＋竞争＋组成	结构化森林经营中针对顶极种微环境调节技术＋幼树开敞度调节＋地力维护	70
年龄结构＋林分长势＋竞争＋密度	结构化森林经营中针对顶极种微环境调节技术＋幼树开敞度调节＋地力维护	71
林分长势＋竞争＋更新＋组成	结构化森林经营中针对稀少种和顶极种竞争微环境调节技术＋促进更新＋地力维护	72
林分长势＋竞争＋更新＋密度	结构化森林经营中针对顶极种竞争微环境调节技术＋地力维护，必要时栽植目的种	73
林分长势＋竞争＋更新＋空间结构	结构化森林经营中针对促进顶极种竞争微环境及林木分布格局调节技术＋促进更新＋地力维护	74
竞争＋更新＋组成＋密度	结构化森林经营中针对稀少种和顶极种竞争微环境调节技术＋目标直径利用	75
竞争＋更新＋组成＋空间结构	结构化森林经营中针对顶极种竞争微环境及林木分布格局调节技术＋林下人工栽植目的树种	76
竞争＋更新＋组成＋年龄结构	结构化森林经营中针对顶极种竞争微环境调节技术＋林下人工栽植其他顶极种	77
更新＋组成＋密度＋空间结构	结构化森林经营中针对稀少种竞争微环境调节技术	78
更新＋组成＋密度＋年龄结构	结构化森林经营中针对稀少种竞争微环境调节技术＋目标直径利用	79
更新＋组成＋密度＋林分长势	结构化森林经营中针对稀少种竞争微环境调节技术＋目标树培育	80
组成＋密度＋空间结构＋年龄结构	结构化森林经营中针对幼树竞争微环境调节技术	81
组成＋密度＋空间结构＋林分长势	结构化森林经营中针对稀少种竞争微环境调节技术	82
组成＋密度＋空间结构＋竞争	结构化森林经营中针对顶极种竞争微环境调节技术	83
密度＋空间结构＋年龄结构＋竞争	结构化森林经营中针对顶极种和幼树竞争微环境调节技术	84
密度＋空间结构＋年龄结构＋更新	结构化森林经营中针对中、大径木的林木分布格局调节技术	85
空间结构＋年龄结构＋竞争＋更新	结构化森林经营中针对顶极种竞争微环境及林木分布格局调节技术＋促进天然更新	86
空间结构＋年龄结构＋竞争＋组成	结构化森林经营中针对稀少种、更新幼树和顶极种竞争微环境及林木分布格局调节技术	87
年龄结构＋林分长势＋更新＋组成	结构化森林经营中针对稀少种竞争微环境调节技术＋促进天然更新	88
年龄结构＋林分长势＋更新＋密度	目标树培育＋目标直径利用	89
林分长势＋竞争＋组成＋密度	结构化森林经营中针对顶极种竞争微环境调节技术＋地力维护，必要时栽植目的种	90
林分长势＋竞争＋组成＋空间结构	结构化森林经营中针对更新幼树和顶极种竞争微环境调节技术＋地力维护	91

（续）

状态指标	经营措施	编号
竞争+更新+密度+空间结构	结构化森林经营中针对顶极种竞争微环境调节技术	92
竞争+更新+密度+年龄结构	结构化森林经营中针对更新幼树和顶极种竞争微环境调节技术+人工栽植顶极种	93
更新+组成+空间结构+年龄结构	结构化森林经营中针对稀少种和更新幼树竞争微环境及林木分布格局调节技术+促进天然更新	94
更新+组成+空间结构+林分长势	结构化森林经营中针对稀少种和更新幼树竞争微环境及林木分布格局调节技术+促进天然更新	95
组成+密度+年龄结构+林分长势	结构化森林经营中针对稀少种微环境调节技术	96
组成+密度+年龄结构+竞争	结构化森林经营中针对顶极种竞争微环境调节技术+目标直径利用	97
密度+空间结构+林分长势+竞争	结构化森林经营中针对顶极种竞争微环境及林木分布格局调节技术，必要时栽植目的种	98
密度+空间结构+林分长势+更新	结构化森林经营中针对中、大径木竞争微环境及林木分布格局调节技术	99

4.5 五个林分状态指标不合理时的经营措施优先性

7 个林分状态因子中如果有 5 个不合理因子任意组合（图 4-6），共有 $C_7^5 = \dfrac{7!}{5! \times (7-5)!} = 21$ 种可能（表 4-5）。

（1）林分空间结构、林分年龄结构、林分长势、顶极种竞争和林分更新。林分密度和组成等指标合理，表明这是一个顶极种不占优势的多树种混交林。造成更新不良的主要原因是土壤种子库出了问题，而更新不良造成了林龄结构指标不合理。林分空间结构不合

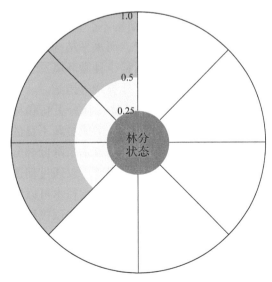

图 4-6 5 个状态指标不合理的雷达图

理，表明成层性或水平结构出了问题，成层性问题可以通过促进更新而得到恢复，而水平结构只有通过结构化森林经营得到解决。林分长势和顶极种竞争指标都不合理，一方面反应立地条件差，另一方面说明林内大径木少、小径木多。所以需要优先采用结构化森林经营中针对顶极种竞争微环境及林木分布格局调节技术，并进行促进天然更新和维护地力的措施，如割灌、松土、施肥、清除地被物、栽植豆科植物等。

（2）林分空间结构、林分年龄结构、林分长势、顶极种竞争和林分组成。这是一个顶极种不占优势的单优树种天然混交林。更新良好而林龄结构出了问题，表明直径分布单峰，进界株数少，部分更新幼树在进入林冠层时受到阻碍。林分空间结构不合理，表明成层性或水平结构出了问题，成层性问题可以通过促进更新而得到恢复，而水平结构只有通过结构化森林经营得到解决。林分长势和顶极种竞争指标都不合理，一方面反应立地条件差，另一方面说明林内大径木少、小径木多。所以需要优先采用结构化森林经营中针对稀少种、幼树和顶极种微环境及林木分布格局调节技术，并进行地力维护的割灌、松土、施肥、栽植豆科植物等措施。

（3）林分空间结构、林分年龄结构、林分长势、顶极种竞争和林分密度。这种情况可分为林分密度太小和林分密度太大两种。对于密度太稀，优先进行目的树种栽植措施。但对于林分密度过密则需要仔细斟酌。林分组成合理，表明这是一个优势树种不明显的多树种密集生长的天然混交林。更新良好而林龄结构出了问题，表明直径分布单峰，进界株数少，部分更新幼树在进入林冠层时受到阻碍。林分空间结构不合理，表明成层性或水平结构出了问题，成层性问题可以通过促进更新而得到恢复，而水平结构只有通过结构化森林经营得到解决。林分长势和顶极种竞争指标都不合理，一方面反应立地条件差，另一方面说明林内大径木少、小径木多。所以需要优先采用结构化森林经营中针对幼树和顶极种竞争微环境及林木分布格局调节技术，同时进行割灌、松土、施肥、栽植豆科植物等提高地力的措施，必要时栽植目的树种。

（4）林分空间结构、林分年龄结构、林分长势、林分更新和林分组成。这是一个顶极种占优势的单优树种天然林。造成更新不良的主要原因是土壤种子库出了问题，而更新不良也造成了林龄结构指标不合理。林分空间结构不合理，表明成层性或水平结构出了问题，成层性问题可以通过促进更新而得到恢复，而水平结构只有通过结构化森林经营得到解决。所以要优先采用结构化森林经营中针对稀少种微环境及林木分布格局调节技术，同时进行促进天然更新的适当割灌、松土、清除地被物等措施。

（5）林分空间结构、林分年龄结构、林分长势、林分更新和林分密度。这是一个顶极种占优势的多树种密集生长的混交林。林分过密是造成更新不良的主要原因，而更新不良也造成了林龄结构指标不合理，所以要通过伐除大径木来降低林分密度。林分空间结构不合理，表明成层性或水平结构出了问题，成层性问题可以通过促进更新而得到恢复，而水平结构只有通过结构化森林经营得到解决。通过伐除大径木可以解决密度问题而解决不了水平结构问题。所以需要优先采用结构化森林经营中针对顶极种微环境及林木分布格局调节技术。

（6）林分空间结构、林分年龄结构、林分长势、林分组成和林分密度。这是一个顶极种占优势的单优树种密集生长的天然林。林分更新良好而林龄结构出了问题，表明直径分布单峰，进界株数少，部分更新幼树在进入林冠层时受到阻碍。林分空间结构不合理，表明成层性或水平结构出了问题。成层性问题可以通过针对幼树促进的方法得到恢复，而水平结构只有通过结构化森林经营得到解决。所以需要优先采用结构化森林经营中针对稀少种、幼树和顶极种微环境及林木分布格局调节技术。

（7）林分空间结构、林分年龄结构、顶极种竞争、林分更新和林分组成。这是一个非顶极种占优势的天然林。林分密度合理，造成更新不良的主要原因是土壤种子库出了问题，而更新不良也造成了林龄结构指标不合理。林分空间结构不合理，表明成层性或水平结构出了问题，成层性问题可以通过促进更新得到恢复，而水平结构只有通过结构化森林经营得到解决。所以要采用结构化森林经营中的针对稀少种和顶极种微环境及林木分布格局调节技术，同时进行促进天然更新的措施，如适当割灌、松土、清除地被物等。

（8）林分空间结构、林分年龄结构、顶极种竞争、林分更新和林分密度。林分组成和生长合理，表明这是一个非顶极种占优势的多树种密集生长的天然混交林。林分过密是造成更新不良的主要原因，而更新不良也造成了林龄结构指标不合理。林分空间结构不合理，表明成层性或水平结构出了问题，成层性问题可以通过促进更新而得到恢复，而水平结构只有通过结构化森林经营得到解决。所以优先采用结构化森林经营中针对顶极种竞争微环境及林木分布格局调节技术。

（9）林分空间结构、林分年龄结构、顶极种竞争、林分组成和林分密度。这是一个非顶极种占优势的天然林。更新良好而林龄结构出了问题，表明直径分布单峰，进界株数少，说明部分更新幼树在进入林冠层时受到阻碍。林分空间结构不合理，表明成层性或水平结构出了问题，成层性问题可以通过促进更新得到恢复，而水平结构只有通过结构化森林经营得到解决。所以需要优先采用结构化森林经营中针对稀少种、幼树和顶极种微环境及林木分布格局调节技术。

（10）林分空间结构、林分长势、顶极种竞争、林分更新和林分组成。这是一个异龄林。林分长势和顶极种竞争指标都不合理，一方面反应立地条件差，另一方面说明林内大径木少、小径木多。林分更新不良很可能是由于灌草阻碍了种子萌发。林龄结构良好而空间结构不良，林分空间结构问题必然是水平结构出了问题。所以要优先采用结构化森林经营中针对稀少种和顶极种微环境及林木分布格局调节技术。并进行促进天然更新和地力维护的措施，如割灌、松土、施肥、清除地被物、栽植豆科植物等。

（11）林分空间结构、林分长势、顶极种竞争、林分更新和林分密度。这种情况可分为林分密度太小和林分密度太大两种。对于密度太稀，通过栽植目的树种即可。但对于林分密度过密则需要仔细斟酌。林分组成合理，表明这是一个多树种的天然混交林。林龄结构良好而空间结构不良，林分空间结构问题必然是水平结构出了问题。林分过密是造成更新不良的主要原因。所以需要优先采用结构化森林经营中针对稀少种、幼树和顶极种的微环境及林木分布格局调节技术，同时进行地力维护的措施，如割灌、松土、施肥、种植豆科植物等，必要时栽植目的树种。

（12）林分空间结构、林分长势、顶极种竞争、林分组成和林分密度。这种情况可分为林分密度太小和林分密度太大两种。对于密度太稀，通过栽植目的树种即可。但对于林分密度过密则需要仔细斟酌。林分长势和顶极种竞争指标都不合理，一方面反应立地条件差，另一方面说明林内大径木少，小径木多。林龄结构良好而空间结构不良，林分空间结构问题必然是水平结构出了问题。所以需要优先采用结构化森林经营中针对稀少种和顶极种微环境及林木分布格局调节技术，同时进行割灌、松土、施肥、种植豆科植物等地力维护的措施，必要时栽植目的树种。

（13）林分空间结构、林分长势、林分更新、林分组成和林分密度。这是一个顶极种占优势的单优树种密集生长的异龄林。顶极种竞争合理而林分长势不良，表明林内有少量非顶极种且不占优势。林龄结构良好而空间结构不良，林分空间结构问题必然是水平结构出了问题。所以需要优先采用结构化森林经营中针对稀少种和顶极种微环境及林木分布格局调节技术。

（14）林分年龄结构、林分长势、顶极种竞争、林分更新和林分组成。林分空间结构良好，说明这是一个垂直结构良好的复层林。林分长势和顶极种竞争指标都不合理，表明立地条件差。更新不良造成直径分布单峰，进界株数少，部分更新幼树在进入林冠层时受到阻碍。密度合理而更新不良，表明造成更新问题的主要原因是土壤种子库出了问题。所以需要优先采用结构化森林经营中针对稀少种和顶极种的微环境及林木分布格局调节技术，并进行促进天然更新和维护地力的措施，如割灌、松土、清除地被物、施肥、种植豆科植物等。

（15）林分年龄结构、林分长势、顶极种竞争、林分更新和林分密度。这种情况可分为林分密度太小和林分密度太大两种。对于密度太稀，优先进行目的树种栽植措施。但对于林分密度过密则需要仔细斟酌。林分组成合理，表明这是一个多树种混交天然林。空间结构良好而林龄结构有问题，表明直径分布单峰。更新不良造成直径分布单峰，进界株数少，更新幼树在进入林冠层时受到阻碍。林分长势和顶极种竞争不良，表明立地条件差、林分内有少量大径木而多数为小径木。所以需要优先采用结构化森林经营中针对顶极种的微环境及林木分布格局调节技术，并进行割灌、松土、施肥、种植豆科植物等提高地力的措施，必要时栽植目的树种。

（16）林分年龄结构、林分长势、顶极种竞争、林分组成、林分密度。这种情况可分为林分密度太小和林分密度太大两种。对于密度太稀，优先进行目的树种栽植措施。但对于林分密度过密则需要仔细斟酌。在林分很密时，这很可能是一种随机分布的缺乏优势树种的复层天然林，林分长势和顶极种竞争指标都不合理，表明立地条件差、林分内有少量大径木而多数为小径木。林分空间结构和更新良好而直径分布单峰，说明部分更新幼树在进入林冠层时受到阻碍。所以需要优先采用结构化森林经营中针对幼树和顶极种微环境及林木分布格局调节技术，同时进行割灌、松土、施肥、种植豆科植物等提高地力的措施，必要时栽植目的树种。

（17）林分年龄结构、林分长势、林分更新、林分组成、林分密度。这是一种顶极种占优势的密集生长的天然林。空间结构良好而林龄结构出了问题，表明直径分布单峰，造成直径分布单峰的主要原因是更新幼树未能进入林冠层。林分密度太大是造成更新不良的主要因素。所以需要优先采用结构化森林经营中针对稀少种微环境调节技术。

（18）林分年龄结构、顶极种竞争、林分更新、林分组成、林分密度。这是一种单优非顶极种组成的密集生长的天然林。林分密度是造成更新不良的主要因素，更新不良造成了林龄结构不合理，直径分布单峰，进界株数少。所以需要优先采用结构化森林经营中针对稀少种和顶极种的微环境调节技术。

（19）林分长势、顶极种竞争、林分更新、林分组成和林分密度。这是一种林木随机分布的密集生长的天然复层异龄林。密度和更新不良，表明造成更新问题的原因是密度问题而不是土壤种子库问题。林分长势和顶极种都有问题，表明立地条件差。需要优先采用结构化森林经营中针对稀少种和顶极种的微环境调节技术，并进行割灌、松土、施肥、种植豆科植物等维护地力的措施。

（20）顶极种竞争、林分更新、林分组成和林分密度和林分空间结构。这是一种以非顶极种为主的密集生长的天然林。林龄结构合理而空间结构不合理，表明空间结构问题主要由水平结构引起。林分长势良好而顶极种竞争势弱，密度大和更新差，表明造成更新问题的原因是密度问题而不是土壤种子库问题。所以优先采用结构化森林经营中针对稀少种和顶极种的微环境及林木分布格局调节技术。

（21）林分更新、林分组成、林分密度、林分空间结构和林分年龄结构。这是一种由单一顶极树种组成的密集生长的天然林。根本问题是由于林分密度引起的更新不良，从而导致一系列结构问题。垂直结构和年龄结构可以通过促进更新而得到解决，而水平结构则需要采用结构化森林经营。因此，需要优先采用结构化森林经营中针对稀少种的微环境及林木分布格局调节技术，必要时栽植目的树种。

表 4-5　5 个林分状态指标不合理时的经营措施优先性

状态指标	经营措施	编号
空间结构+年龄结构+林分长势+竞争+更新	结构化森林经营中针对顶极种竞争微环境及林木分布格局调节技术+促进天然更新+地力维护	100
空间结构+年龄结构+林分长势+竞争+组成	结构化森林经营中针对稀少种、幼树和顶极种竞争微环境及林木分布格局调节技术+地力维护	101
空间结构+年龄结构+林分长势+竞争+密度	结构化森林经营中针对稀少种、幼树和顶极种竞争微环境及林木分布格局调节技术+地力维护，必要时栽植目的树种	102
空间结构+年龄结构+林分长势+更新+组成	结构化森林经营中针对稀少种竞争微环境及林木分布格局调节技术+促进天然更新	103
空间结构+年龄结构+林分长势+更新+密度	结构化森林经营中针对顶极种竞争微环境及林木分布格局调节技术	104
空间结构+年龄结构+林分长势+组成+密度	结构化森林经营中针对稀少种、幼树和顶极种竞争微环境及林木分布格局调节技术	105
空间结构+年龄结构+竞争+更新+组成	结构化森林经营中针对稀少种和顶极种竞争微环境及林木分布格局调节技术+促进天然更新	106
空间结构+年龄结构+竞争+更新+密度	结构化森林经营中针对顶极种竞争微环境及林木分布格局调节技术	107
空间结构+年龄结构+竞争+组成+密度	结构化森林经营中针对稀少种、幼树和顶极种竞争微环境及林木分布格局调节技术	108
空间结构+林分长势+竞争+更新+组成	结构化森林经营中针对稀少种和顶极种竞争微环境及林木分布格局调节技术+促进天然更新+地力维护	109
空间结构+林分长势+竞争+更新+密度	结构化森林经营中针对稀少种、幼树和顶极种竞争微环境及林木分布格局调节技术+地力维护，必要时栽植目的树种	110
空间结构+林分长势+竞争+组成+密度	结构化森林经营中针对稀少种和顶极种竞争微环境及林木分布格局调节技术+地力维护，必要时栽植目的树种	111

（续）

状态指标	经营措施	编号
空间结构+林分长势+更新+组成+密度	结构化森林经营中针对稀少种和顶极种竞争微环境及林木分布格局调节技术	112
年龄结构+林分长势+竞争+更新+组成	结构化森林经营中针对稀少种和顶极种微环境及林木分布格局调节技术+促进天然更新+地力维护	113
年龄结构+林分长势+竞争+更新+密度	密度小，优先进行目的树种栽植；密度大，结构化森林经营中针对顶极种微环境及林木分布格局调节技术+地力维护，必要时栽植目的树种	114
年龄结构+林分长势+竞争+组成+密度	密度小，优先进行目的树种栽植；密度大，结构化森林经营中针对幼树和顶极种微环境及林木分布格局调节技术+地力维护，必要时栽植目的树种	115
年龄结构+林分长势+更新+组成+密度	结构化森林经营中针对顶极种微环境调节技术	116
年龄结构+竞争+更新+组成+密度	结构化森林经营中针对稀少种和顶极种微环境调节技术	117
林分长势+竞争+更新+组成+密度	结构化森林经营中针对稀少种和顶极种竞争微环境调节技术+地力维护	118
竞争+更新+组成+密度+空间结构	结构化森林经营中针对稀少种和顶极种微环境及林木分布格局调节技术	119
更新+组成+密度+空间结构+年龄结构	结构化森林经营中针对稀少种微环境及林木分布格局调节技术，必要时栽植目的树种	120

以上是基于林分状态组合的森林经营措施优先性分析。之所以花如此心血、笔墨和篇幅将经营问题以"处方"的形式研制成查表或检索式，旨在方便广大的林业基层经营工作者对森林进行科学经营。当然，在所考察的全部 8 个林分状态因子中有 6~8 个林分状态全不合理，显然，经营主体已经缺失，需要人工重建。

参考文献

胡艳波，2010. 基于结构化森林经营的天然异龄林空间优化经营模型研究[D]. 北京：中国林业科学研究院.

惠刚盈，Gadow Kv，2001. 德国现代森林经营技术[M]. 北京：中国科学技术出版社.

惠刚盈，Gadow Kv，胡艳波，等，2007. 结构化森林经营[M]. 北京：中国林业出版社.

惠刚盈，赵中华，胡艳波，2010. 结构化森林经营技术指南[M]. 北京：中国林业出版社.

李建军，2013. 环洞庭湖典型森林类型结构优化与健康经营研究[D]. 北京：中国林业科学研究院.

李金良，郑小贤，陆元昌，等，2008. 祁连山青海云杉天然林林隙更新研究[J]. 北京林业大学学报，30（3）：124-127.

陆元昌，2006. 近自然森林经营的理论与实践[M]. 北京：科学出版社.

孟春，王立海，2005. 小兴安岭天然次生林经营模拟与评价[J]. 东北林业大学学报，33(6)：25-28.

沈国舫，翟明普，2011. 森林培育学[M]. 北京：中国林业出版社.

盛炜彤，2014. 中国人工林及其育林体系[M]. 北京：中国林业出版社.

汤孟平，唐守正，雷相东，等，2004. 林分择伐空间结构优化模型研究[J]. 林业科学，40(5)：25-31.

唐守正，2005. 东北天然林生态采伐更新技术研究[M]. 北京：中国科学技术出版社.

肖化顺，曾思齐，欧阳君祥，等，2014. 天然林抚育经营技术研究现状与展望[J]. 中南林业科技大学学报, 34(3): 94-98.

徐化成, 2001. 中国红松天然林[M]. 北京: 中国林业出版社.

徐振邦, 代力民, 陈吉泉, 等, 2001. 长白山红松阔叶混交林森林天然更新条件的研究[J]. 生态学报, 21 (9): 1413-1420.

殷鸣放, 郑小贤, 殷炜达, 2012. 森林多功能评价与表达方法[J]. 东北林业大学学报, 40(6): 23-25.

臧润国, 徐化成, 高文韬, 1999. 红松阔叶林主要树种的林隙大小及其发育阶段更新规律的研究[J]. 林业科学, 35(3): 2-9.

张会儒, 唐守正, 2007. 森林生态采伐研究简述[J]. 林业科学, 43(9): 83-87.

张会儒, 唐守正, 2011. 东北天然林可持续经营技术研究[M]. 北京: 中国林业出版社.

周新年, 巫志龙, 郑丽凤, 等, 2007. 森林择伐研究进展[J]. 山地学报, 25(5): 629-636.

朱教君, 刘足根, 王贺新, 2008. 辽东山区长白落叶松人工林天然更新障碍分析[J]. 应用生态学报, 19 (4): 695-703.

Daume S, 1995. Durchforstungssimulation in einem Buchen-Edellaubholz Mischbestand[D]. Gottingen universitat August der Georg-Gottingan: Fakuhat.

Daume S, Kai F, Gadow Kv, 1998. Zur modellierung personenspezifischer durchforstungen in ungleichaltrigen mischbestnden[J]. Allgemeine Forst und Jagdzeitung, 169(2): 21-26.

Kramer H, 1988. Waldwachstumslehre[M]. Verlag P. Parey, Hamburg and Berlin.

Lamprecht H, 1986. Waldbau in den Tropen[M]. Verlag P. Parey, Hamburg and Berlin.

Li YF, Ye SM, Hui GY, et al., 2014. Spatial structure of timbe harvested according tostructure-based forest management[J]. Forest Ecology and Management(322): 106-116.

Pukkala T, Kangas J, 1993. A heuristic optimiztion method for forest planning and decision making[J]. Scandinavian Journal of Forest Research, 8(1): 560-570.

## 第五章

经 营

　　全球森林资源减少和日益严峻的环境问题是导致人工林迅速发展的直接动力。目前，全球人工林总面积已经超过 3 亿 hm^2，中国人工林面积已达 0.69 亿 hm^2，居世界之首，但人工乔林每公顷蓄积量仅为 52.8 m^3，与天然林相比，大部分人工林林分结构简单、稳定性差，远不能满足国家木材和生态安全需求。如何有效提升人工林的生产力和稳定性，是中国人工林面临的核心问题。

　　天然林在结构上通常比人工林更为复杂多样，且具有更稳定的森林生态系统，这一观点逐渐成为当今森林管理最具影响力的理念之一（Zenner，2004）。各国在传统的生态管理模式下无一例外地要求尽可能减少人工林与天然林之间的关键属性，如物种组成和林分结构的可变性差异，从而降低集约管理的成本（Gauthier，2009；Mori and Lertzman，2011）。这种简单的模式虽易于人工林的推广与管理，但树种单一、林木间距均匀（Brockerhoff et al.，2008）等典型的结构单一的特点造成多种负面影响。越来越多的研究人员和森林管理者认识到，增加林分结构的多样性和复杂性是支持人工林生态系统功能多元化、经营可持续性以及提高生产力的一种可能途径（Zenner and Hibbs，2000；Puettmann et al.，2009；Messier et al.，2013）。模仿天然林的管理模式，将生物多样性的保护和提高纳入人工林经营实践的想法也愈发明确（Brockerhoff et al.，2008；European Commission，2013；Fady et al.，2015）。在一些国家，建立具有结构多样性的林分已成为关键的管理目标，如美国、澳大利亚等国家（FEMAT，1993；Wan et al.，2019）。在这种背景下，将人工林视为一种工具，运用恰当的森林经营手段恢复当地生态系统的多样性和多功能性、维持森林生态系统稳定性和对抗干扰的能力（Zenner，2004），将为人工林带来越来越高的利用价值。

　　人工林，特别是以保护为管理目标的人工林在向近自然演替的过程中往往发生质的转变：其树种组成和生物多样性随林分年龄的增长趋于复杂；水平空间格局多样性和垂直结构异质性增加；土壤有机层发育良好；枯立木的数量增加，更多林隙形成更好的光照环境。如在松树人工林中，本应存在于天然林中的典型耐荫物种更新良好，表现出明显的演替趋势（Allen et al.，1995）。对于鸟类（López and Moro，1997；Donald et al.，1998）和昆虫（Jukes et al.，2001；Lindenmayer and Hobbs，2004；Barbaro et al.，2005），其栖息地价值与天然林相差不大（Humphrey et al.，2003）。在地中海地区，针阔混交天然林因过度放牧、过度采伐和火灾而遭受到严重破坏。19 世纪末，人们新建大面积人工林以恢复该地区生态环境。在对人工林进行间伐和采伐后，森林再一次自然恢复到与退化前存在的天然林结构和物种组成相似的状态。这些改变可以总结为人工林的结构多样性（也包含物种多样性）得到了提升。毫无疑问这些过程经历了漫长的时间。

　　结构多样性或"结构异质性"，"结构复杂性"通常可以理解为"自然性"（Messier et al.，2013）或环境异质性，是老龄林最具代表性的特征之一（McElhinny et al.，2005；Bauhus et al.，

2009；Di Filippo et al.，2017)，是生物过程或生物和非生物过程之间相互作用的表达的结果，且明显依赖于相邻木之间的空间关系(Zenner，2004)，影响天然林物种多样性和更新等生态过程。研究空间结构多样性与森林群落中动植物物种多样性同样重要(Parrotta et al.，1997)。

有关空间结构多样性对人工林的影响一直是科学研究和森林管理实践的热点问题。到目前为止，一些研究已经强调了空间结构多样性对生物多样性(Neumann and Starlinger，2001；McCleary and Mowat，2002；Ishii et al.，2004；Tews et al.，2010)或生产力(Long and Shaw，2010；Dănescu，2016)的重要作用。在欧洲，许多人呼吁在人工林中施行基于自然的森林管理策略(Pommerening and Grabarnik，2019)。在加拿大，则提倡逐步停止原生森林采伐，促进人工林林下更新，增加人工林空间结构多样性和树种多样性(Stohlgren，2011)。

空间结构多样性通常来说包含水平空间格局多样性、大小异质性和树种混交隔离程度(Pommerening and Grabarnik，2019)等多个方面。以往对结构多样性的研究主要集中在林分水平，而很少有研究者关注个体的微观特征。然而，即使在非常精细的尺度下，环境也不均匀(Robertson and Tiedje，1988；Palmer，1990；Lechowicz and Bell，1991)。个体和邻域的空间结构是生境异质性和森林结构多样性的基础。特别是在研究树木生长、竞争和死亡等生态过程时，这些研究基于对个体的分析最为准确(Song et al.，1997；Zenner and Peck，2009)。研究每棵树的邻域关系可以更全面地描述植物之间的种内和种间相互作用。许多研究试图分析个体与其相邻木之间的关系。Pommerening 和 Uria Diez(2017)以及 Wang 等学者(2018)探讨了不同直径个体对相邻木多样性的影响，认为物种差异影响种群的空间分布。相邻植物的个体密度、相同物种的个体密度，相对植物大小和相对物种丰富度可显著影响目标物种的生长(Hubbell et al.，2001；Stoll and Newbery，2005)。最近，也有关于森林分布模式多样性及其响应的报告(Pillay and Ward，2012；Wang et al，2018)。若干指数通过考虑相邻木同时量化空间结构，并在 α 水平上描述结构复杂性(Füldner et al.，1996；Zenner and Hibbs，2000；Pommerening，2002)。这些研究充分说明了相邻木在描述空间结构多样性方面的重要性。

林分结构多样性"本质上是对存在的不同结构属性的数量以及这些属性的相对丰度的度量"(McElhinny et al.，2005)。衡量结构复杂性必须基于对森林生态系统空间结构的定量描述，这一直是一个挑战。人工林空间结构多样性的优势应受到足够重视。人工林的近自然化经营是解决其稳定性和可持续的关键。近自然人工林培育的实质就是遵循森林的自然发生和发展规律进行人工恢复或重建自然的森林结构(Kint et al.，2006)。因此对天然林的结构、动态以及由此引起的种间或物种和环境因子之间的共存关系的深入研究有可能允许我们进一步在更新技术、植被恢复、树种组成以及林分的可持续发展等方面获得重要发现(Kuuluvainen and Sprugel，1996)。

这部分研究将从空间结构的关键要素入手，以天然林为模板，首先探讨天然林与人工林在空间结构及结构多样性各方面的差异，并试图将其优势特征应用于人工林经营中，提出可以提升人工林空间结构多样性的造林和经营新方法，探索维持人工林各方面多样性的自然机制，加速人工林的近自然转化，从而为人工林经营管理实践提供理论和技术支持。

5.1　天然林角尺度和结构体分布

天然林的水平空间格局多样性远高于天然林，表现为更高的随机化程度（Graz，2004；Zhang et al.，2021）。相比天然林，人工林的特殊性则首先体现为"人工性"和"规律性"。这一特性是由于种植政策中固有的均匀栽植方式。传统的方法虽然易于种植活动和收获的机械化操作，但几乎所有的单株树都是成行成列的均匀分布，使人工林较低的水平空间格局多样性与天然林形成了鲜明的对比。

目前，描述林分结构多样性的最合适的方法尚不清楚，因为不同的方法可能表达了不同方面。发展现代森林管理需要建立森林空间分布、变化和多样性的框架和更复杂的概念（Jay et al.，2007；Ehbrecht et al.，2017）。例如，有关水平空间格局多样性的研究大多集中在天然林中（Pommerening and Grabarnik，2019；Zhang et al.，2021），由于其分析、统计方法繁复，往往难以直接应用于人工林的经营实践中。正确描述、定义和分类天然林的空间组成和多样性，可以为天然林管理提供更多线索，对人工林的近自然转化具有重要意义。

角尺度不只是用于林木水平格局类型判定，更重要的在于森林群落中树木组分的划分。虽然目前已经有很多林木分类方法，如克拉夫特分级法（Kraft，1884），IUFRO 分级法（Röhrig and Gussone，1982），霍莱林木分级法（Hawley and Smith，1936）等，但这些方法均是从林木个体形质出发，没有涉及个体与其相邻木的关系。基于角尺度对林木进行分类，对深入分析天然林生理生态形成机制带来更多可能性。

5.1.1　天然林结构体的分类

根据前文 1.3.2 节中对角尺度的定义，W_i 的 5 种取值分别对应中心木与相邻木的不同分布形式。前文中，我们将中心木及其最近 4 株相邻木构成的分布形式定义为结构体，任意一个结构体均由 5 株林木即 1 株中心木和它的 4 株最近相邻木组成（Hui and Gadow，2002；惠刚盈和 Gadow，2003）。把 $W_i = 0$ 或 0.25 的林木称作相邻木均匀分布的中心木，简称均匀木，相应的结构体称为均匀体；$W_i = 0.75$ 或 1 称作相邻木团状分布的中心木，简称聚集木，相应的结构体视为聚集体；$W_i = 0.5$ 称作相邻木随机分布的中心木，简称随机木，相应的结构体称为随机体（Zhang et al.，2018），图 5-1。在这一分类的基础上，分别研究了天然林中角尺度的分布情况和结构体的断面积分布情况。

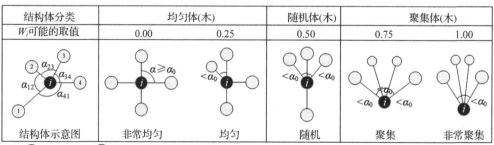

结构体分类	均匀体(木)		随机体(木)	聚集体(木)	
W_i 可能的取值	0.00	0.25	0.50	0.75	1.00
结构体示意图					
	非常均匀	均匀	随机	聚集	非常聚集

注：● 为中心木 i，○ 为最近 4 株相邻木，α_0 为标准角 72°，α 为相邻木夹角。

图 5-1　结构体分类

5.1.2 角尺度分布

在这项研究中，我们分析了在中国不同纬度地区的天然林中建立的 11 个样地的观测结果。所有胸径大于 5 cm 的活立木都进行了标记，并使用 Topcon GTS602(Topcon Corporation，日本东京)自动聚焦全站仪测量其位置。记录了树木的胸径、高度和树冠直径。表 5-1 提供了样地的一般信息。

表 5-1 样地及其林分概况

样地代号	样地面积	密度(hm²)	树种数	平均胸径(cm)	断面积(hm²)	林分类型
A1	100m×100m	924	1	20.0	32.90	沙地樟子松天然林
A2	100m×100m	1149	1	19.8	39.76	沙地樟子松天然林
B3	200m×200m	202	3	49.4	49.27	云杉针叶林
C4	100m×100m	936	19	16.4	28.74	红松针阔混交林
C5	100m×100m	748	22	17.7	27.95	红松针阔混交林
C6	100m×100m	816	22	17.7	29.56	红松针阔混交林
C7	100m×100m	808	19	16.6	28.08	红松针阔混交林
C8	100m×100m	797	19	18.3	31.67	红松针阔混交林
C9	100m×100m	1178	20	14.7	30.73	红松针阔混交林
D10	140m×70m	888	49	16.1	26.53	松栎混交林
E11	100m×30m	820	85	23.5	54.87	热带山地雨林

这些天然林分布在我国 5 个不同的纬度地带，从北到南的森林类型如下：中温带沙地樟子松天然林(样地代码为 A1、A2)、温带山地云杉针叶林(B3)、温带红松针阔混交林(C4~C9)、亚热带-暖温带过渡地带的松栎混交林(D10)和热带山地雨林(E11)。

A1、A2 样地位于呼伦贝尔沙地南端的红花尔基，属大兴安岭中段西坡向内蒙古高原的过渡地带(47°36′~48°35′N、118°58′~120°32′E)，海拔 700~1100 m，中温带半湿润、半干旱大陆性季风气候，年平均气温 1.5 ℃，年均降水量 344 mm，土壤类型以沙土为主。森林类型为沙地樟子松(*Pinus sylvestris* var. *mongolica* Litv.)纯林。

B3 位于新疆巩留县境内的西天山国家级自然保护区内，属新疆天山山脉(43°09′~43°28′N、87°12′~87°50E′)，海拔 1635~1706 m，温带大陆性气候，气候多严寒，冷暖悬殊，年平均气温 5~7 ℃，年均降水量 600~800 mm，土壤类型为山地灰褐色森林土，森林类型为天山云杉(*Picea schrenkiana*)林，主要树种除天山云杉外还有少数天山桦(*Betula tianschanica*)(臧润国等，2011)。

C4~C9 位于吉林省蛟河林业实验区管理局东大坡(43°51′~44°05′N、127°35′~127°51′E)，海拔 400~500 m，温带大陆性季风性气候，年平均气温 3.5 ℃，年均降水量 700~800 mm，土壤为肥力较高的暗棕壤，森林类型为红松针阔混交林，主要针叶树种有红松(*Pinus koraiensis* Sieb. et Zucc.)、杉松(*Abies holophylla* Maxim.)等；主要阔叶树种有水曲柳(*Fraxinus mandshurica* Rupr.)、核桃楸(*Juglans mandshurica* Maxim.)、白扭槭(*Acer mandshurica* Maxim.)、千金榆(*Carpinus cordata*)、糠椴(*Tilia mandschurica* Rupr. et Maxim.)、蒙古栎(*Quercus mongolica* Fisch.)等。

D10 位于甘肃省小陇山(33°30′~34°49′N、104°22′~106°43′E),属亚热带-暖温带过渡地带,海拔约 1000 m。年均气温 7~12 ℃,年均降水量 460~800 mm。土壤以山地棕色土为主,较湿润,有机质含量高。森林类型为松栎混交林。主要阔叶树种为锐齿栎(*Quercus aliena* var. *acuteserrata* Maxim.)和辽东栎(*Quercus liaotungensis* Koidz.)等,主要针叶树种为华山松(*Pinus armandi* Franch.)和油松(*Pinus tabulaeformis* Carr.)、山杨(*Populus davidiana* Dode.)、漆树(*Toxicodendron verniciflum* F. A. Berkley)、冬瓜杨(*Populus purdomii* Rehd.)、少脉椴(*Tilia paucicostata* Maxim.)、千金榆(*Carpinus cordata* Bl.)、甘肃山楂(*Crataegus kansuensis* Wils.)、刺楸(*Kalopanax septemlobus* Koidz.)等乔木树种。

E11 位于海南岛尖峰岭自然保护区内(18°23′~18°52′N、108°46′~109°02′E),海拔高度约 800 m,热带季风气候(张家城等,1993)。土壤为砖黄壤。森林类型为热带山地雨林,树种种类多,生物多样性高,优势种群不明显,主要树种包括厚壳桂(*Cryptocarya chinensis*)、白颜树(*Gironniera subaequalis*)、白南(*Mallotus hookeriana*)、红毛丹(*Nephelium lappaceum*)等。

用角尺度的均值($\overline{W}$)反映了林分的整体分布格局(Hui and Gadow,2002;惠刚盈等,2016)。表 5-2 展示了 11 块试验样地林分整体水平格局。

表 5-2　林木分布格局

样地	A1	A2	B3	C4	C5	C6	C7	C8	C9	D10	E11
$\overline{W}$	0.461	0.465	0.503	0.497	0.532	0.482	0.514	0.491	0.497	0.511	0.541
格局	均匀	均匀	随机	随机	团状	随机	随机	随机	随机	随机	团状

其中,中温带的沙地樟子松天然林(A1、A2)林木分布格局为均匀分布;温带山地云杉针叶林(B3)与温带红松针阔混交林中的 5 块样地(C4、C6~C9)以及亚热带-暖温带过渡地带的松栎混交林(D10)均呈现出随机分布的格局,温带红松针阔混交林中的 1 块样地(C5)与热带山地雨林混交林(E11)为聚集分布。

W_i 值刻画了林木的具体分布形式,其 5 种取值的分布是解析林木格局的基础,重要的是每种可能在林分中出现的频率。显然,W_i 值的分布就能反映出一个林分中林木个体的分布趋势。图 5-2 展示了 11 个样地林分的角尺度分布。

由图 5-2 可见,所有 11 块天然林样地林木的角尺度分布呈现出一致的规律,表现在:

(1)林木角尺度分布基本为单峰分布,峰值均出现在 $W_i=0.5$,即随机木占多数。分析的 11 块样地中相邻木随机分布的林木均占半数以上,比例最高的甚至达到 62% 左右(C4、C6 和 C9),最低的也可达到 53% 以上(C7 和 C8);

(2)$W_i=0$ 和 $W_i=1$ 即非常均匀和非常聚集的林木都很少。其中非常均匀的分布情况最不常见,在所有样地中最高的也只有 1%,有 5 块样地中的比例都为 0;非常聚集的分布次之,只占到了全部林木的 10% 以内;

(3)$W_i=0.25$(均匀)和 $W_i=0.75$(聚集)的林木一般在 10%~30%。总体而言,天然林林分中随机木占多数,特别均匀和特别聚集的林木很少。

林木个体的空间分布格局反应了林木个体在水平空间的分布状况,它是种群生物学特征、种内与种间关系以及环境条件综合作用的结果。研究采用的 11 块样地分布在我国不同维度不同地区,林分类型也不尽相同,既有混交林也有纯林,林分格局分布类型包含了

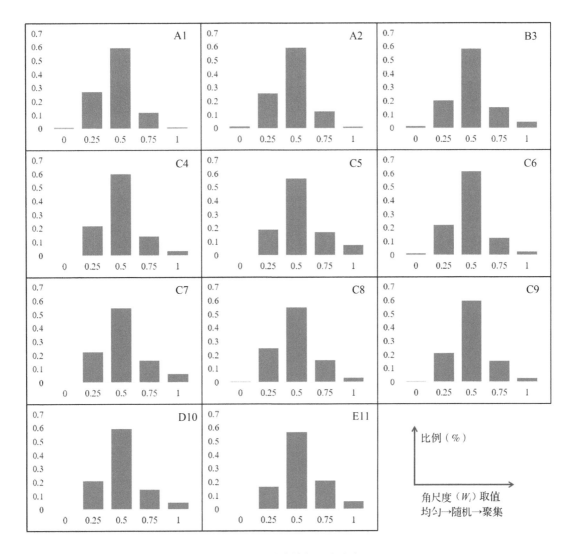

图 5-2 样地的角尺度分布

均匀、随机和聚集 3 种主要分布形式。上述基于角尺度方法所揭示的随机木、均匀木和聚集木的角尺度频率分布规律，既与天然林地域分布和森林类型无关，也与天然林树种组成和林分总体分布格局类型无关。林分中主要的分布群体均为随机分布的林木个体(随机木)。

5.1.3 结构体的分布

5.1.3.1 中心木的断面积分布

上面分析的是林木角尺度的株数频率分布，下面揭示不同分布形式的断面积构成，以探索林分断面积的配比形式。根据角尺度 W_i 取值将林木分布分为 3 种类型：均匀木($W_i <$ 0.5)、随机木($W_i = 0.5$)和聚集木($W_i > 0.5$)。统计不同分布属性的林木断面积，即统计不同结构体中心木的断面积比例，得到如图 5-3 所示的断面积分布。

图 5-3 可见，林分中随机木总体断面积仍然远远高于均匀分布和聚集分布，在所有样

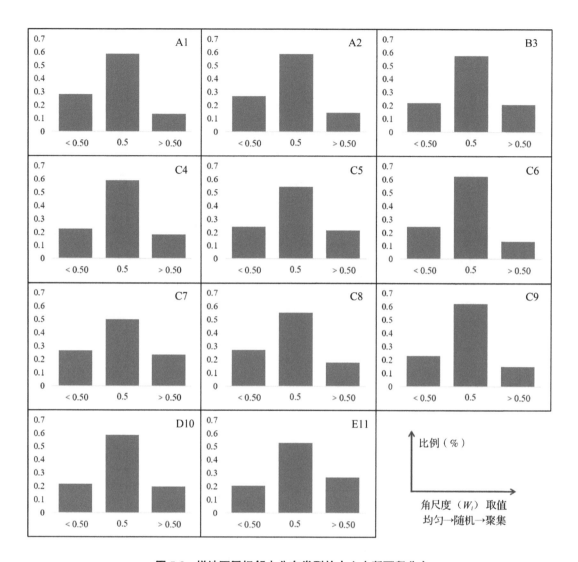

图 5-3　样地不同相邻木分布类型的中心木断面积分布

地中均占总断面积的 50% 以上，最大可达到 62% 左右(C6 和 C9)。而均匀和聚集分布的林木断面积分别占总断面积的 10%~30%，两类林木的总量合计小于林分总断面积的半数。

这个结果与 5.1.2 节得到的结果类似，从不同层面说明在天然林中，随机分布的林木占了绝大多数，同时也是构成林分断面积的主体。

5.1.3.2　结构体断面积的分布

前面已将中心木及其最近 4 株相邻木构成的分布形式定义为结构体，任意一个结构体均由 5 株林木即 1 株中心木和它的 4 株最近相邻木组成。下面以结构体为计量单位分析天然林的断面积配比，得到如图 5-4 所示的结构体断面积分布。

与上文中的结果相似，随机体的断面积也远远高于均匀体和聚集体。占到样地中所有结构体总断面积的 50% 以上，最大可达到 62% 左右(C6)。而均匀体和聚集体断面积分别占总断面积的 10%~30%，两类结构体的总和保持在总断面积的半数以内。这一结果进一

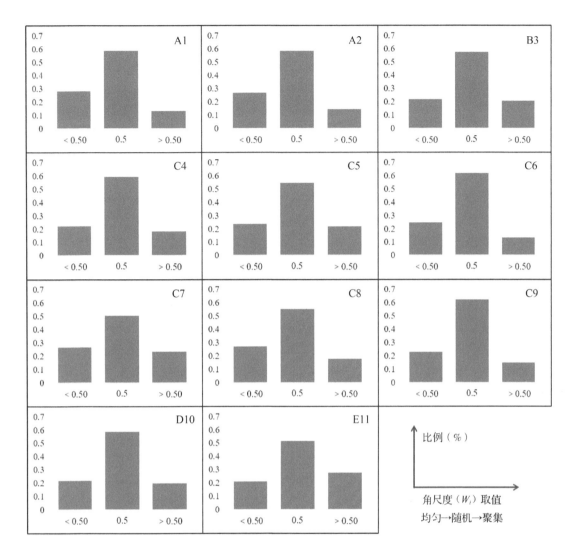

图 5-4 天然林样地中结构体断面积分布

步证实了随机木与随机体在天然林断面积构成中的主导地位。

5.1.4 随机体的数量优势

这一部分研究利用中国不同气候带共 11 块固定样地的每木定位数据，借助林分空间结构参数角尺度，解译林木点格局，并统计不同分布类型林分的断面积构成。通过分析天然林的角尺度分布与断面积构成的关系，探索了天然林林分断面积的主体构成，对提高林分质量和生态功能具有一定的指导意义，同时对天然林经营和人工林近自然化培育提供理论基础，主要包含以下结论：

（1）天然林中的大部分林木以随机镶嵌的方式分布。不论林分总体分布格局是均匀、随机还是聚集分布，呈现随机分布的林木株数频率都高达半数以上即>50%，而其他类型如非常不均匀、均匀、聚集和非常聚集的林木之和不足半数。

（2）随机木为全部林分贡献了绝大多数断面积，达到了林分总断面积的 50% 以上。

(3)由随机木及其相邻木组成的随机体断面积也占到了所有结构体断面积的半数以上。

可见，天然林林分中，随机木(随机体)无论在株数频数还是林木断面积比例上都构成了天然林的主体，占据了数量优势；而在林分中分布特别均匀的林木(均匀木)占的份额则最小。

一般而言，天然林林木空间格局的发展通常是从聚集到随机的过程(孙冰等，1994；张家城等，1999)。如天然油松林的发育由聚集分布过渡为随机分布，辽东栎早期演替阶段呈现聚集分布，不同群落的演替后期呈现随机分布；一个发育成熟的顶级群落的天然林呈现出稳定的随机分布，各优势树种也呈随机分布镶嵌于总体的随机结构中，这种镶嵌方式不仅减少了同种个体间的竞争，更使不同优势种间的相互影响减少(张家城等，1999)。因此一般情况下，处于稳定状态的原始天然林或次生林水平格局都遵从随机分布，通常以随机体的数量最多(惠刚盈等，2007)，团状和均匀的结构体只占较小比例。本研究涉及东北阔叶红松林、甘肃小陇山次生林、内蒙古樟子松天然林、海南热带混交林、新疆天山云杉林等五个地区不同纬度带共计 11 块样地，结果表明，天然林中以随机木(随机体)为主，无论林分的整体分布格局呈现为聚集、随机还是均匀分布，其随机木(随机体)的比例都达到了 50% 以上，同时也是天然林林分断面积构成中最主要的部分。团状与均匀分布的比例较少，这与之前的研究结果相似(惠刚盈等，2007)。因此在进行森林经营活动时，为了提高林木随机性，应倾向于将团状和均匀分布的结构体调整为随机体(刘文桢等，2016；惠刚盈等，2016)。

天然林中的随机体无论在数量上还是断面积上都占到了绝对优势，是天然林的重要组成部分，这也是现有人工林与天然林在结构尤其在林木分布格局方面最大的差异。大多未经疏伐的人工林由于其最初的成行成列栽植，水平格局非常相似，最常见的分布形态为均匀体而不是随机体，角尺度分布也可以看出均匀木占到了绝大多数(图 5-5)。毫无疑问，林分断面积也几乎 100% 由均匀木或均匀体构成。由此造成人工林结构单一，进而产生生产力和林分质量低下、稳定性较弱、可持续性更差等多方面问题。

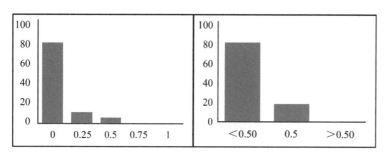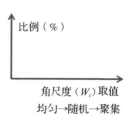

图 5-5 人工林角尺度分布与断面积分布

以上研究可见，人工林与天然林的结构差异不仅仅表现在通常所讲的树种组成、密度等方面，森林的稳定性更取决于林木的水平格局或由此引发的结构差异。传统人工造林中的林木种植点配置方式，仿造农耕式的生产方式，只是充分利用了林业生产中林木种植点均匀分布简单、林木均等的光能空间利用、机械化操作简便等特点，但严重偏离了森林发生发展的自然轨迹。当人工林发育到一定阶段，林分密度增大，树冠相互接触时，目标树周围均匀分布的相邻木使得竞争压力从各个方向急剧增大。通常的做法是对林分进行择伐以减小密度，但并没有针对林木个体生长的邻体结构效应考虑。因此在进行人工林近自然改造的过程中，应以天然林为模板，注重对均匀结构体向随机结构体的改造，适当调整随机体的比例，从而逐渐接近天然林的最佳结构配置，最终使得林分整体呈现随机分布的状态，达到人工林近自然化经营的目的。

5.2 天然林结构体的特征

在确认了随机体在天然林中的数量优势后，进一步细化了天然林中随机体的分类，以探求不同随机体的比例和关系。为解释森林结构多样性提供有价值的见解。

5.2.1 天然林随机体的分类

根据角尺度的定义，随机体的中心木 W_i 值为 0.5。从中心木开始，四个相邻木和中心木形成 4 个角（α_{ij}：α_{12}、α_{23}、α_{34} 和 α_{41}），如图 1-5 所示。在随机类型的结构体中，两个角小于标准角度 α_0（$\alpha_0 = 72°$），而其他两个角更大。这 4 个角的两种可能分布如下：

R1 型：在任意两个相邻角中，一个小于 α_0，而另一个大于或等于 α_0，即 $Z_{ij} = 0$ 且 $Z_{i(j+1)} = 1$；或 $Z_{ij} = 1$ 且 $Z_{i(j+1)} = 0$。因而角尺度公式 1-4 中，$\sum_{j=1}^{4} Z_{ij} = (1 + 0 + 1 + 0)$ 或 $\sum_{j=1}^{4} Z_{ij} = (0 + 1 + 0 + 1)$。我们将这种类型的随机体称为 R1 型，相应的中心木是 R1 随机木，如图 5-6（左）所示。我们也将这种类型称为"哑铃"型，因为其形状类似于哑铃。

R2 型：可以找到两个小于 α_0 的相邻角，而其他两个大于或等于 α_0。因此，$Z_{ij} = 0$ 且 $Z_{i(j+1)} = 0$（或 $Z_{i(j-1)} = 0$），或 $Z_{ij} = 1$ 且 $Z_{i(j+1)} = 1$（或 $Z_{i(j-1)} = 1$）。则角尺度公式 1-4 可表述为：$\sum_{j=1}^{4} Z_{ij} = (1 + 1 + 0 + 0)$，$\sum_{j=1}^{4} Z_{ij} = (0 + 0 + 1 + 1)$，$\sum_{j=1}^{4} Z_{ij} = (1 + 0 + 0 + 1)$ 或 $\sum_{j=1}^{4} Z_{ij} = (0 + 1 + 1 + 0)$。我们将这种类型的随机体称为 R2 随机体，相应的中心木是 R2 随机木，如图 5-6（右）所示。我们也将这种类型称为"火炬"型，因为其形状类似于火炬。

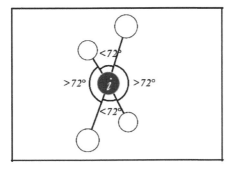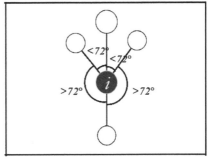

图 5-6 随机体分类

注：R1 随机体（左）和 R2 随机体（右）。

5.2.2 不同随机体的分布

应用5.1.2节中所示样地，发现在这些天然林的样地中，两种随机木亚类型同时存在，且 R1 随机木的频率通常小于 R2。11 个样地中 R1 的平均比例为 33.25%（标准差 = 2.28），约占总数的 1/3；R2 的平均值较大，范围为 61.92% ~ 70.11%。11 个样地的平均值为 66.75%，约为 2/3。11 个样地中 R1 和 R2 随机木的比例见表5-3。

表 5-3   11 个天然林中 R1 和 R2 的频率

	A1	A2	B3	C4	C5	C6	C7	C8	C9	D10	E11	均值
R1%	33.6	38.1	33.1	34.5	29.9	34.3	33.8	32.4	30.3	34.4	31.4	33.25
R2%	66.4	61.9	66.9	65.5	70.1	65.7	66.2	67.6	69.7	65.6	68.6	66.75

对 R1 和 R2 随机木的断面积比例统计发现，11 个样地中 R1 随机木的断面积较低，平均仅占随机木总断面积的 33%；R2 占绝大多数，达到 67%。其中，各样地的 R1 和 R2 随机木断面积比例分别为：A1：33.20% 和 66.80%；A2：37.32% 和 62.68%；B3：32.04% 和 67.96%；C4：30.67% 和 69.33%；C5：19.68% 和 80.32%；C6：32.51% 和 67.49%；C7：39.69% 和 60.31%；C8：34.56% 和 65.44%；C9：33.29% 和 66.71%；D10：37.93% 和 62.07%；E11：29.88% 和 70.13%。

随机体的断面积包括随机木及其最近 4 株相邻木的断面积之和。11 个天然林中 R1 和 R2 随机体的平均断面积比为 1：2，这与分别分析随机木断面积的结果一致，如图 5-7 所示。每个样地的比例如下：A1 为 32.88% 和 67.12%；A2 为 38.56% 和 61.44%；B3 为 32.56% 和 67.44%；C4 为 33.07% 和 66.93%；C5 为 28.00% 和 72.00%；C6 为 33.75% 和 66.25%；C7 为 36.19% 和 63.81%；C8 为 30.60% 和 69.40%；C9 为 30.79% 和 69.21%；D10 为 34.12% 和 65.88%；E11 为 30.50% 和 69.50%。

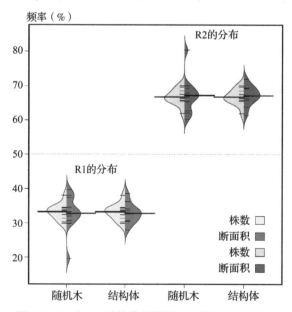

图 5-7   R1 和 R2 结构体数量频率和断面积频率分布

用 beanplot 图展示了 11 个样地的比例和分布，如图 5-7。绘制每种随机体的分布以比较不同组的比例；每一组比例绘制一个豆子。beanplot 由一维密度分布组成，并绘制数据的总体平均值。计算了中心木的断面积和包括 5 棵树的随机休结构体断面积。（https：//www. rdocumentation. org/packages/beanplot/versions/1. 2/topics/beanplot）

5.2.3　随机木与群落特征的相似性

前文的研究确立了随机木在天然林中的数量优势，并对天然林中的随机体进一步分类，发现了不同随机体在自然界中维持着特定的比例。但随机木除了数量优势以外，其功能是否具有同样的优势特征？是否可以完全反应天然林的生态属性，还有待验证。可见，有必要进一步探索随机木的状态特征与天然林群落整体特征的一致性以及随机木在天然林中所扮演的角色。接下来的研究延续了前面的研究内容，并从以上天然林中选取了不同地理区域的典型天然林，试图发现随机木与天然林群落结构之间的关系。

对于天然林而言，森林密度、结构和生物多样性是天然林生态系统的重要属性（Gadow and Hui，2007），选择了群落数量特征分析中最为重要的 6 个分布变量，即表达树种组成的树种多度分布、体现林木大小的直径分布、描述水平格局的 Voronoi 边数分布及其标准差、反映树种空间隔离程度的混交度分布和体现林木拥挤程度的密集度分布以及反映竞争状态的竞争度分布，采用分布频率直观图示比较与群落相似性。应用遗传绝对距离差异检验相结合的方法，分析了天然林群落中随机木的状态特征及其与群落的相似性。

在选取了可以表达天然林群落特征的指标后，研究从 5.1.2 节中所涉及的天然林监测样地中分析了 6 块 100 m×100 m 天然林长期定位样地数据（表 5-4）。除了同上文所示数据测定并记录了林木坐标、树种、胸径、树高、冠幅和健康状况外，还记载了林分的郁闭度、坡度、林分平均高、幼苗更新和枯立木情况等。这些天然林分布于中国不同地区或纬度带。其中，样地 A1、A2 为温带北部的沙地樟子松天然林；B1、B2 为亚热带-暖温带过渡地带的松栎混交林；C1、C2 为温带中部红松针阔混交林。

表 5-4　样地基本特征

样地	A1	A2	B1	B2	C1	C2
树种数	1	1	20	47	18	20
坡度(°)	<3	<3	38	38	9	12
郁闭度	0.7	0.7	0.9	0.9	0.9	0.85
平均胸径(cm)	21.3	21.0	17.9	18.6	22.7	24.1
断面积(m^2/hm^2)	32.9	39.8	27.3	34.1	32.0	30.3
密度(株/hm^2)	924	1149	1082	1261	788	663

用遗传绝对距离方法测度群落结构组成的差异性（Whittaker，1952）。遗传绝对距离方法可以比较等位基因差异，也可用来比较两个种群或群落的差异，以鉴别两个分布是否来自相同的总体。该方法由于能够给出两个分布的具体差异量而在林分直径分布比较中得到广泛应用（Pommerening，1997；Hui and Albert，2004）。遗传绝对距离 d_{xy} 表示为：

$$d_{xy} = \frac{1}{2} \sum_{i}^{k} |x_i - y_i| \tag{5-1}$$

其中，x_i 为群落 x 中遗传类型 i 的相对频率；y_i 为群落 y 中遗传类型 i 的相对频率；k 为遗传类型的数量。

惠刚盈等(2005)在分析遗传距离应用于群落结构比较的可能性基础上，提出了差异显著判别标准，见公式5-2和公式5-3。当两个分布的差异 $d_{xy}>d_\alpha$ 时，认为两个分布的差异显著，不能确定其来源于相同的总体。反之则认为两个分布相似。

$$d_\alpha = d_{max}\left(1 - \frac{1}{k}\right)\sqrt{-0.2\ln\left(\frac{\alpha}{2}\right)} \tag{5-2}$$

$$d_{max} = \max\left(d_{xz}, d_{yz}\right) \tag{5-3}$$

其中，d_{max} 为 x、y 两个分布分别与均匀分布 z 比较时得到的较大的遗传距离；α 为显著性检验的标准($\alpha=0.05$)。

5.2.3.1　树种组成

用物种多度分布表征天然林树种组成。以相对多度为纵坐标、以物种多度从大到小排序为横坐标。

树种多度分布从群落中不同树种相对株数比例反映树种组成。研究分析了天然混交林群落和随机木的树种多度。对于温带(C1 和 C2)和亚热带(B1 和 B2)的天然混交林群落而言，无论以群落为对象还是以随机木为对象，分析结果均表明所分析的森林群落是多树种混交林，树种多度分布形式非常相似[图 5-8(左)]。每个样地分布的上方和下方直方图分别为林分和随机木的树种组成。图示结果表现为某个树种在群落分析中占比多或少，在以随机木为对象的分析中同样是占比多或少。为进一步量化分析结果，还进行了随机木与群落状态特征相似性分析。4 块天然混交林样地遗传距离检验结果依次为 B1：$d_{xy} = 0.024 < d_{\alpha=0.05} = 0.430$；B2：$d_{xy} = 0.060 < d_{\alpha=0.05} = 0.358$；C1：$d_{xy} = 0.042 < d_{\alpha=0.05} = 0.309$；C2：$d_{xy} = 0.022 < d_{\alpha=0.05} = 0.344$。这表明，所分析的全部混交林样地，无论从群落全部林木的角度还是仅从随机木的角度分析，二者所得出的森林群落树种组成高度相似，所有 4 块样地最大

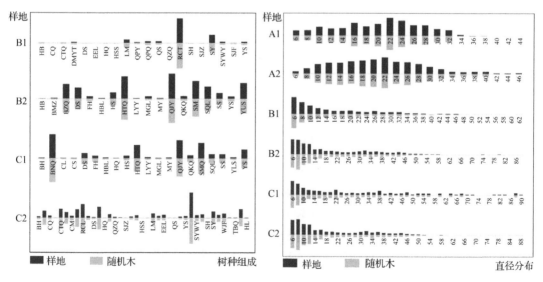

图 5-8　林分和随机木树种多度分布(左)和直径分布(右)

差异为6%，远远没有达到显著差异水平。随机木的树种多度分布充分体现了天然混交林的树种组成。

5.2.3.2 直径分布

直径分布表征林分内各种直径大小林木的径阶分配状态。横坐标为径阶中值，以2 cm为径阶距，由小到大依次排列，纵坐标为各径阶对应的相对株数频率。

图5-8(右)展示了天然林林分和随机木的直径分布。每个样地分布的上方和下方直方图分别为林分和随机木的直径分布。对于所分析的温带北部、温带中部和亚热带北部的天然林群落而言，无论以群落为对象还是以随机木为对象，二者所得出的直径分布图形式非常一致，表现为某个径阶以群落分析得出的占比多或少，与以随机木为对象的分析得出相似的占比。6块样地遗传距离检验结果依次为A1：$d_{xy} = 0.091 < d_{\alpha=0.05} = 0.274$；A2：$d_{xy} = 0.092 < d_{\alpha=0.05} = 0.323$；B1：$d_{xy} = 0.092 < d_{\alpha=0.05} = 0.441$；B2：$d_{xy} = 0.108 < d_{\alpha=0.05} = 0.404$；C1：$d_{xy} = 0.103 < d_{\alpha=0.05} = 0.103$；C2：$d_{xy} = 0.084 < d_{\alpha=0.05} = 0.423$。这表明，所有分析样地的随机木的直径分布形式与群落整体的直径分布形式非常相似。所有6块样地最大差异为10.8%，远没达到显著差异水平。随机木的直径分布充分体现了天然林群落的大小分布。

5.2.3.3 水平格局

采用Voronoi多边形(张弓乔和惠刚盈，2015)方法来测度。有关Voronoi边数及其标准差评价水平格局的具体方法可参见3.2节。

图5-9(左)展示了Voronoi边数分布图。每个样地分布的上方和下方直方图分别为林分和随机木的Voronoi边数分布。对于所分析的温带北部、温带中部和亚热带北部的天然林群落而言，无论以群落为对象还是以随机木为对象，图示结果均表明所分析的森林群落的Voronoi边数分布图形式非常一致，表现为某个边数以群落分析得出的占比多或少，与以随机木为对象的分析结果很相似。遗传距离检验结果依次为A1：$d_{xy} = 0.068 < d_{\alpha=0.05} = 0.377$；A2：$d_{xy} = 0.055 < d_{\alpha=0.05} = 0.421$；B1：$d_{xy} = 0.009 < d_{\alpha=0.05} = 0.320$；B2：$d_{xy} = 0.041 < d_{\alpha=0.05} = 0.393$；C1：$d_{xy} = 0.044 < d_{\alpha=0.05} = 0.388$；C2：$d_{xy} = 0.042 < d_{\alpha=0.05} = 0.315$。这表明，无论采用针对群体还是针对随机木的分析，所得出的林木格局分布形式具有很高的相似性，所有6块样地最大差异为6.8%，远远没有达到显著差异水平。

按照群落Voronoi边数标准差分析(张弓乔和惠刚盈，2015)，A1($Sv = 1.242$)、A2($Sv = 1.256$)为均匀分布，B1($Sv = 1.401$)为随机分布，B2($Sv = 1.677$)、C1($Sv = 1.563$)和C2($Sv = 1.406$)为团状分布。随机木Voronoi边数标准差分析A1($Sv = 1.169$)、A2($Sv = 1.153$)为均匀分布，B1($Sv = 1.400$)为随机分布，B2($Sv = 1.737$)、C1($Sv = 1.574$)和C2($Sv = 1.436$)为团状分布。可见，统计随机木与统计林分整体的结果完全一致。

5.2.3.4 混交度分布

混交度(M_i)用来说明混交林中树种空间隔离程度(Gadow，1993)。有关混交度的具体内容可详见1.3.2节。

图5-9(右)展示了混交度的变化。每个样地分布的上方和下方直方图分别为林分和随机木的混交度分布。对于所分析的温带和亚热带的天然混交林群落而言，无论以群落为对

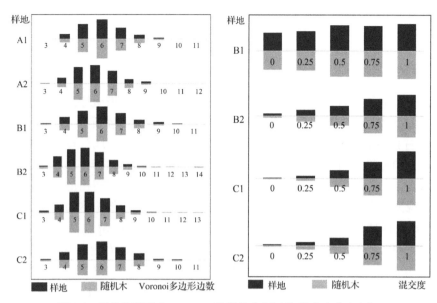

图 5-9   林分和随机木 Voronoi 边数分布(左)和混交度分布(右)

象还是以随机木为对象,图示结果均表明所分析的天然混交林群落的混交度分布形式高度一致,表现为高度混交、中度混交或低度混交相对频率与以随机木为对象分析得出的结果非常相似。4 块样地遗传距离检验结果依次为 B1:$d_{xy} = 0.017 < d_{\alpha=0.05} = 0.055$;B2:$d_{xy} = 0.022 < d_{\alpha=0.05} = 0.201$;C1:$d_{xy} = 0.011 < d_{\alpha=0.05} = 0.266$;C2:$d_{xy} = 0.010 < d_{\alpha=0.05} = 0.258$。这表明,随机木的树种混交度与群落的分布具有高度一致性,所有 4 块样地最大差异不足 3%,远远没有达到显著差异水平。随机木的树种隔离程度在很大程度上体现了群落的树种隔离程度。

5.2.3.5   密集度分布

林分密度通常用公顷株数和公顷断面积表示,但对于随机木和天然林群落来说,用反映林木个体和林分整体拥挤程度的密集度表达更为适合。统计 5 种取值的林木比例即可得到密集度分布,可以体现林分的密集程度,有关密集度的详细介绍可见 1.3.2 节。

图 5-10(左)展示了密集度分布。对于所分析的温带北部、温带中部和亚热带北部的天然林群落而言,无论以群落为对象还是以随机木为对象,图示结果均表明所分析的森林群落的密集度分布形式与随机木的分析结果高度一致,6 块样地遗传距离检验结果依次为 A1:$d_{xy} = 0.022 < d_{\alpha=0.05} = 0.188$;A2:$d_{xy} = 0.024 < d_{\alpha=0.05} = 0.177$;B1:$d_{xy} = 0.033 < d_{\alpha=0.05} = 0.129$;B2:$d_{xy} = 0.007 < d_{\alpha=0.05} = 0.521$;C1:$d_{xy} = 0.022 < d_{\alpha=0.05} = 0.287$;C2:$d_{xy} = 0.017 < d_{\alpha=0.05} = 0.396$。这表明,随机木的密集程度与群落的完全一致,所有 6 块样地最大差异不足 4%,远远没有达到显著差异水平。随机木所受到的密集程度在很大程度上能体现出群落整体所受到的拥挤程度。

5.2.3.6   林木竞争

用林木竞争度(Co_i)对随机木和群落个体竞争状况进行了分析与比较。竞争度实际上

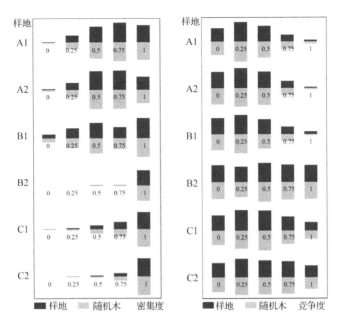

图 5-10　林分和随机木密集度分布(左)和竞争指数分布(右)

表达了林木被遮盖的程度，用 4 株最近相邻木中树冠覆盖中心木 i 的个数比例来计算，见公式 5-4。树冠覆盖是指相邻木树高高于中心木且两者的树冠水平投影重叠(包括全部重叠或部分重叠)，而树冠刚刚相切或相对独立都不属于重叠。竞争度可能的取值及其生态学含义，如图 5-11。

$$Co_i = \frac{1}{4}\sum_{j=1}^{4} 1(c_i \cap c_j) \times 1(h_i < h_j) \tag{5-4}$$

其中，c_i 和 c_j 表示林木 i 和 j 的树冠；$c_i \cap c_j$ 为指示函数内的条件，用来判断两树冠是否有重叠；h_i 和 h_j 为树高。

统计 Co_i 属于 0，0.25，0.5，0.75，1 的相对比例，即可得到林木所处竞争态势分布[图 5-10(右)]。

图 5-10(右)展示了竞争分布。对于所分析的温带北部、温带中部和亚热带北部的天然

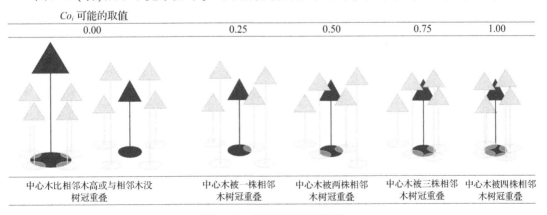

图 5-11　竞争度取值及意义

林群落而言，无论以群落为对象还是以随机木为对象，图示结果均表明所分析的森林群落的竞争分布形式与随机木的分析结果高度一致，6 块样地遗传距离检验结果依次为 A1：$d_{xy} = 0.012 < d_{\alpha=0.05} = 0.170$；A2：$d_{xy} = 0.035 < d_{\alpha=0.05} = 0.181$；B1：$d_{xy} = 0.016 < d_{\alpha=0.05} = 0.169$；B2：$d_{xy} = 0.014 < d_{\alpha=0.05} = 0.022$；C1：$d_{xy} = 0.033 < d_{\alpha=0.05} = 0.081$；C2：$d_{xy} = 0.029 < d_{\alpha=0.05} = 0.050$。这表明，所分析的全部天然林样地，无论从群落全部林木的角度还是仅从随机木的角度分析，二者所得出的林木竞争分布态势高度相似。所有 4 块样地最大差异为 3.3%，远远没有达到显著差异水平。

5.2.4　均匀木或聚集木与群落特征的相似性

为进一步验证均匀木或聚集木是否也和随机木相似，特对 6 块林分中的均匀木与聚集木的树种组成、林分结构和林木竞争与全林分进行了比较（表 5-5）。结果表明，在树种隔离程度方面，所分析的 4 块样地只有一块（B1）与全林统计结果存在显著差异；在竞争程度的表达上分析的 6 块样地只有 2 块（B2 和 C2）与全林统计结果有显著差异；Voronoi 边数分布虽未达到显著水平，但通过 Voronoi 边数标准差所反映的格局差异非常大，分析的 6 块样地有 4 个与全林统计结果不符。按照群落 Voronoi 边数标准差分析（张弓乔和惠刚盈，2015）可知，仅按 B1 中的均匀木统计，得到的边数标准差为 $Sv = 1.414$，被判断为聚集的分布态势，而其林分整体统计结果 $Sv = 1.401$，则显示为林木格局为随机分布；C2 按均匀木的边数统计得到 $Sv = 1.287$ 为随机分布，但按林分整体统计（$Sv = 1.436$）则显示格局为聚集分布；A2 按照林分整体统计结果（$Sv = 1.256$）被视为均匀分布，C1 按照林分整体统计结果（$Sv = 1.406$）为聚集分布，但两块样地如果按照聚集木统计则分别呈现出随机分布的态势（A2：$Sv = 1.290$；C1：$Sv = 1.394$）。

表 5-5　均匀木和聚集木分别与全林分相似性检验结果与 Voronoi 边数标准差比较
（$d_{xy}/d_{\alpha=0.05}$；＊表示具有显著性差异）

		A1	A2	B1	B2	C1	C2
密集度分布	均匀木	0.057/0.189	0.066/0.177	0.067/0.127	0.018/0.533	0.023/0.287	0.017/0.391
$d_{xy}/d_{\alpha=0.05}$	聚集木	0.031/0.195	0.061/0.208	0.067/0.146	0.004/0.521	0.043/0.301	0.029/0.391
竞争分布	均匀木	0.017/0.170	0.042/0.181	0.044/0.174	0.047/0.033*	0.050/0.113	0.011/0.043
$d_{xy}/d_{\alpha=0.05}$	聚集木	0.049/0.188	0.089/0.205	0.069/0.158	0.023/0.028	0.072/0.079	0.063/0.057*
直径分布	均匀木	0.079/0.308	0.079/0.338	0.104/0.441	0.126/0.418	0.147/0.453	0.121/0.427
$d_{xy}/d_{\alpha=0.05}$	聚集木	0.120/0.274	0.083/0.338	0.068/0.444	0.091/0.442	0.128/0.501	0.134/0.482
多度分布	均匀木	—	—	0.049/0.434	0.118/0.362	0.071/0.319	0.117/0.363
$d_{xy}/d_{\alpha=0.05}$	聚集木	—	—	0.056/0.429	0.129/0.343	0.106/0.306	0.083/0.351
混交度分布	均匀木	—	—	0.042/0.060	0.048/0.192	0.046/0.296	0.048/0.257
$d_{xy}/d_{\alpha=0.05}$	聚集木	—	—	0.058/0.048*	0.061/0.192	0.049/0.266	0.034/0.271
Voronoi 边数标准差	均匀木	1.139/均匀	1.241/均匀	1.414/聚集*	1.701/聚集	1.661/聚集	1.287/随机*
Sv	聚集木	1.231/均匀	1.290/随机*	1.395/随机	1.530/聚集	1.394/随机*	1.414/聚集

5.2.5 随机木是天然林的核心

前文明确了不同结构体在天然林中的分布情况，明确了随机木在天然林中的绝对数量优势，这种探索天然林群落中关键树木群的意义如同遗传学中分子水平上寻找控制物种功能性状的关键基因片段。本节将重点分析这一结果的原因。

首先，随机木占有绝对的数量优势。本节涉及的 6 块林分其随机木数量占比分别为 A1：59.2%；A2：59.3%；B1：56.2%；B2：53.5%；C1：55.0%；C2：56.7%，在群落中起到了主体作用。

除了随机木的数量优势，研究结果表明，无论是变量频率分布图示观感，还是显著性检验结果都表明，随机木状态特征与群落状态特征高度相似，且与森林类型是否为纯林或混交林、格局分布类型为随机、聚集或均匀无关。因此，研究认为随机木是天然林的核心，其与群落数量特征和相似性正好体现了随机木在天然林群落中的关键作用和主体作用。

至于为什么天然林中随机木的数量和形态都占天然林群落的主导地位，推测可能与天然林林木竞争（Hui et al, 2018）和结构体的构架特征有关，如图 5-12。

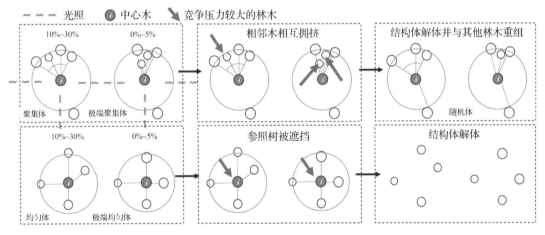

图 5-12 聚集体和均匀体瓦解-重组示意图

现有天然林的林木格局分布是自然演替的结果（He and Duncan, 2000；Gonçalves & Batalha, 2011）。例如，对于聚集体来说，相邻木拥挤在一起，使得中心木可以达到三面受光，获得更多的营养空间、更大的树冠甚至是更高的生产力（Forrester, 2014）。相邻的大树和小树之间的不平等竞争会导致非对称竞争（Weiner et al., 2001；Pillay and Ward, 2012；Velázquez et al., 2016），且相邻木之间的局部密度更大，竞争加剧不仅会导致林木的生长减缓，甚至会导致林木的死亡（Kenkel, 1988）。尤其是对于相对弱势的相邻木，很可能在自然选择过程中死亡（Peet and Christensen, 1987；Franklin and Van Pelt, 2004）。此时团状结构体瓦解，原结构体内残余的林木将与其他林木重新结合构成新的结构体。聚集现象越严重，越容易发生瓦解和重组。

而均匀体则面临着相反的情况，均匀木四周的相邻木分别占据 3~4 个不同方位，从而使中心木受到来自至少 3 个方向甚至 4 个方向的挤压或遮挡，造成中心木承受更大的竞争压力，如果这时的均匀木相对劣势，更易在自然的选择过程中被淘汰。此时均匀结构体瓦解，原结构体内剩余的林木将与其他林木重新结合成为新的结构体，林木越拥挤，即局部密度越大，越容易发生瓦解，则重组随之而来。

不同于聚集体和均匀体，随机体的中心木（随机木）可以达到两面受光，较均匀木来说，中心木竞争压力更小，相邻木之间的挤压程度较聚集体的更小，因此随机木及其相邻木相对来说承受的生存压力较小，这种结构体更不易出现弱势或不健康的林木，比其他两种结构体有更大的可能性持续稳定生长，从而在自然演替的过程中有更多存活的概率。这也是为什么天然林中随机结构体成为最主要的构成部分。这一点从天然林中的分析数据可以得到很好的印证（Zhang et al.，2018）。

不排除有偶然因素如距离原因、非健康林木的存在等减轻了部分非随机体的竞争压力，但数量依然很少，而随机体将作为可以长期稳定生长而不易瓦解的结构体，长久有效地为林木提供和保持稳定的微环境，从而达到维持整体林分健康、稳定的正常发育发展、持续输出生产力的动态平衡。因此在发育良好的天然林或顶级群落中，随机体成为主体构成，而均匀体和聚集体保持在一定比例范围内。"极端结构体"则更少。这样的林分整体 $\overline{W}$ 趋向于 0.5，正是对这一平衡的体现（惠刚盈等，2007）。

当森林遭受严重自然灾害、病虫害或受到人为干扰时，可能会造成森林空间结构的平衡被打破，表现为非随机体增多，这些非随机体将在未来的几十年甚至更长时间内，逐渐在自然的选择中被打破再重组，完成自然选择和修复的过程，非随机体渐渐减少，随机体恢复到一定比例，重新回归平衡稳定的状态并保持这种动态平衡。

对于随机木的研究，对天然林野外调查具有重要的应用价值。森林的空间格局覆盖范围广，需要足够的观测范围（Dungan et al.，2002）。对于进阶木、竞争和死亡等生态过程的研究则需要调查林分中个体的林木特征和位置信息（Song et al.，1997，Zenner and Peck，2009），势必需要大量的人力和时间成本（Wang et al.，2016）。这导致调查往往局限于一个子样本，并要求这个子样本可以在各方面代表或充分表达林分的整体特征（Carrer et al.，2018）。如何通过有效地减少野外作业的时间和成本，实现森林属性和结构的精确和准确估计，是森林科学中的一个争论话题（Bormann，1953；Kenkel et al.，1989；Gray，2003；Lynch，2016）。本研究认为，随机木作为林分实际操作中易于识别的群体，完全可以正确反映林分整体的树种组成、林分结构和林木竞争等多方面特征。因此瞄准天然林中的随机木就能极大地提高研究、保护、经营和监测效率。譬如，在天然林保护方面，可将天然林关键种的随机木作为关键个体进行保育监测；在森林生态水文监测研究中，可将随机木作为监测对象；在森林气候年轮学和森林收获学研究中，可将随机木大树作为抽样分析对象；在森林培育中更可以仿照天然林随机木的特征进行人工造林的种植点配置和现有人工林的抚育经营（惠刚盈等，2016；Zhang et al.，2018）等。这将为林分研究、调查技术等各方面提供新的思路。

5.3   基于结构体的格局多样性

这一节，我们试图回答：当我们针对林分格局多样性进行分析时，天然林是怎样的？

在 5.2 节的这项研究中，仍然使用了 5.1.2 节中涉及的中国不同纬度或地区的天然林样地。其森林类型各不相同，包括混交林和纯林。森林格局各不相同，包括均匀、随机和聚集分布(Aguirre et al., 2003)。在之前的研究中我们发现，天然林中随机体的占比最高，可达到半数以上。因此，为了进一步探索随机体的分类及其分布形式，又根据其特征细化为两种类型。其中，R1 型要求在随机体的 4 个角中，交替出现小于 72°和大于 72°的角；R2 型要求两个小于 72°的角或两个大于 72°的角相邻。分析表明，这两种随机体在森林中自然存在。

到目前为止，我们已经清楚地确定了天然林的不同结构体。想象森林是一个"盒子"。什么是天然林，当只考虑天然林的格局，尤其是个体与其相邻木的分布情况时，天然林与人工林是否相同，有什么区别？图 5-13 给出了这种差异的生动图示。很明显，相较人工林，天然林有更多种类的结构体，包括均匀体、聚集体和随机体，其中随机体又包含了R1 和 R2 随机体。人工林，尤其是生长一段时间后，或经过干扰的人工林通常也都包含这三类结构体。但对比发现，正如前文揭示的，天然林中以随机体为数量主体，团状体和均匀体占较小比例，不同亚类的随机体又以特定的比例分布。而人工林通常以均匀体为数量主体，甚至占到绝大多数，随机体和团状体则寥寥无几，也因此难以再判断不同随机体的比例。也因如此，天然林的林分格局通常接近随机状态，即 $\overline{W}$ 趋近 0.5，而人工林则偏向均匀或非常均匀。

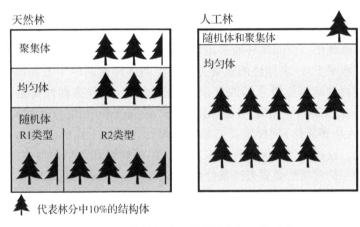

图 5-13 天然林和人工林格局多样性的对比

由此可见，相比人工林来说，天然林有着更复杂但多样化的格局分布，在结构多样性方面表现出更复杂的组成，而人工林则更加单一。造成这一现象主要是因为人工林的传统种植通常遵循农业生产模式，并遵循完全统一的分配。这种分布只充分利用了林业生产中种植简单机械化作业的特点，严重背离了森林发展的自然规律。木材生产的同质性要求是以削弱人工林的自然发展为代价的。而简单的空间结构现在是各国的人工林和种植园面临的主要挑战。

因此，我们系列研究的目的是以天然林的空间结构为模板，将天然林的优越特性应用于人工林，以缩小人工林和天然林之间的差距。为此，我们提出了切实有效的方法来改善这一问题。这些新方法旨在增加随机木，以提高人工林中不同类型的比例。将这些细节添加到人工林的管理中，模仿天然林，或将现有森林中的中大径木调整为更复杂的结构。通过人为干预增加人工林的多样性将有效改变人工林的单一空间结构，改善其林下微环境，提高人工林的生产力和稳定性。

5.4 树种混交与大小多样性的维持机制

在自然历史上，物种总是有自然的来去。然而，目前由于人类干扰，特别是气候变化造成的生物多样性损失正以前所未有的速度发生，并且可能在很大程度上是不可逆转的（Leary and Petchey，2009）。

保险假说和相关研究表明，生物多样性对生态系统具有重要的稳定作用。更好地理解维持生物多样性的自然过程是至关重要的。越来越多的实证研究发现，动物和植物多样化可以促进群落的稳定性和弹性，即随着时间的推移波动更小（Valone and Barber，2008）。例如，保险假说涉及物种之间的相关关系，并建议在给定生态系统中，增加功能冗余的物种，以补偿优势物种功能的丧失，从而为群落的生产力提供"保险"。通过生态位互补性，即由在不同的局部环境中表现较好的物种（即专家物种）组成群落时，生物多样性可促进更大的保险（Yachi and Loreau，1999；Matias et al.，2013）。

空间保险假说扩展了这一概念，该假说预测物种在空间和时间上的功能互补性可以确保系统免受环境波动的影响（Loreau et al.，2003）。相反，物种丰富度较低可能会损害生物多样性的保险功能（Leary and Petchey，2009）。类似的理论和假设包括统计平均或投资组合效应和补偿动力学（Shanafelt et al.，2015），并更加重视统计机制。

在森林生态系统中，空间物种通常用物种隔离程度、混交表示，和大小多样性是林地群落和物种群水平上 α-多样性的重要方面。空间多样性的两个方面都源于树木相互作用、干扰和不同物种幼树更新之间的复杂关系。过去，物种多样性是最优先考虑的问题（Gaston and Spicer，2004）。然而，Ford（1975）和 Weiner 和 Solbrig（1984）指出，大小不平等（他们称之为大小多样性）同样重要，是树木相互作用、干扰和（外来）更新之间相互作用的结果。因此，通过适当的保护管理来减轻生物多样性和大小多样性的损失至关重要，这是目标导向的保护管理的必要先决条件（Krebs，1999；Magurran，2004）。

这些是复杂的生态过程，往往难以厘清。真正在空间上明确的保险假说研究仍然很少（Loreau et al.，2003），然而，在过去 50 年中，点过程统计提供了复杂的措施，允许对空间信息进行更精细的生态分析。在点过程统计中，个体的位置用点来表示，而相应的标记可以提供个体的树种、大小等其他信息。空间统计领域产生了许多二阶特征的分析方法，这些方法考虑了由距离 r 分隔的点对。这些特征表达为距离 r 的函数，可以量化与空间尺度相关的物种和大小多样性。此外，点过程统计已经生成了许多模型，允许模拟涉及不同物种和大小的空间树木模式，这极大地有助于理解空间物种和大小多样性之间的相关性（Illian et al.，2008；Wiegand and Moloney，2014；Pommerening and Grabarnik，2019）。

因此，这部分研究的目标是，利用点过程统计，特别是标记混交函数和标记变异函数，研究导致物种和大小多样性空间相关性的过程，主要包括①通过模拟讨论什么样的生态过程会导致空间树种和大小多样性之间的相关性；②使用不同林分数据，从点过程统计中确定有效指示相关空间物种和大小多样性不同模式的方法。这些方法使交互过程的结果具有可追溯性。

5.4.1 空间模拟

通过应用不同点过程模型的组合，我们模拟了导致树种和大小多样性不同空间模式的过程。主要步骤如下：

（1）使用 Matérn 聚类过程模型（Matérn，1960）模拟中等聚集林木的位置，聚类中心强度 $\lambda_p = 0.0031$，聚类半径 $R = 18$ m，每组的平均株树为 $\bar{c} = 12$。

（2）将大约一半的点分配给树种 1，另一半分配给树种 2。然后，我们模拟了两种差异较大的双参数威布尔分布（Nagel and Biging，1995），分别作为两个树种的胸径，即大小特征，其中，树种 1 的参数为 shape = 6，scale = 20；树种 2 的参数 shape = 6，scale = 60。此外，最小胸径分别为 5 cm 和 20 cm。这些设置使模拟的两个树种的直径分布存在显著差异：虽然两种分布都是类似的钟形，但树种 1 的胸径分布始终占据较小的尺寸范围，而树种 2 的尺寸分布占据较大的尺寸范围。因此，这两个树种的同种大小多样性较小，而异种大小多样性较大，其分布如图 5-14（左）。

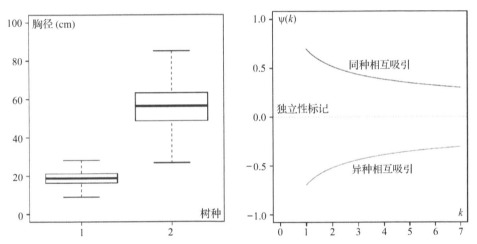

图 5-14 100 次威布尔分布模拟的树种 1（$\bar{n} = 188$）和树种 2（$\bar{n} = 191$）的直径分布

其中，$\bar{n}$ 为树种丰度（左）；模拟中使用的两种二元树种混交函数 $\hat{\Psi}(k)$（右）

（3）使用 Pommerening 等学者（2019）中详述的空间分布构造技术，修改了不同位置个体树种和大小的初始随机分配，定义了树种混交函数 $\Psi(k)$ 的两个变体，以模拟以下情况：①树种 1 和 2 在最近的 $k = 7$ 个相邻木中紧密混合出现，而②树种 1 与 2 混交较弱，因此将出现相互隔离的集群。此处 k 表示最近的第 k 个相邻木。

应用幂函数 $a_0 \times k^{a_1}$ 对 $\Psi(k)$ 函数的两个变体进行建模，使用参数 $a_0 = -0.697$ 和 $a_1 = -0.429$ 模拟（a）种群，使用参数 $a_0 = 0.697$ 和 $a_1 = -0.429$ 模拟（b）种群，即两条曲线是相对于穿过零的水平线的相互反射，表示独立物种标记，如图 5-14（右）。参数是仔细选择的，以使当 $k = 1 \sim 7$ 时，树种隔离程度较高且绝对隔离，树种隔离函数以非常缓慢的速度趋向于 0。这确保了树种混交效应当在 $k > 7$ 之后持续。

在大量迭代中，模拟退火算法以优化树种标记的空间分布（Pommerening et al.，2019），因此，模拟结果将类似于图 5-14（右），两者其一的树种混交函数。在优化过程

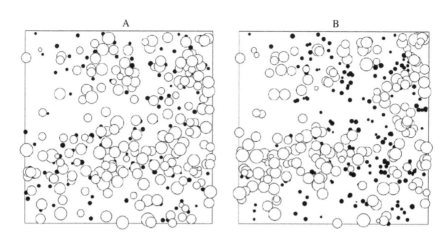

图 5-15　涉及不同大小范围的双变量树种混交模式

注：两种模式都基于相同的林木位置坐标，根据 Matérn 集群过程模型进行模拟（Matérn，1960）。

中，直径标记与树种标记一起重新分配，即两个标记：树种和大小被"绑定"。但没有对大小标记进行优化，只对树种进行了优化。林木的位置保持不变。

　　为了更好地理解我们的模拟，图 5-15 给出了两个示例模拟结果，其中图 5-15（A）展示了（a）种群，与图 5-14（右）中 $\hat{\Psi}(k)$ 的下方曲线的模式相同；图 5-15（B）展示了（b）种群，基于图 5-14（右）中 $\hat{\Psi}(k)$ 上方曲线的混交模式。在图 5-15 中也可以清楚地看出直径的不同范围。

5.4.2　监测空间多样性的二阶特征

　　Pommerening 等（2011）、Hui 和 Pommerening（2014）引入了标记混交函数 $v(r)$。这一特征非常适合于监测物种丰富的植物群落的空间物种多样性，且与标记相关函数和类型间标记连接函数具有相似性。$v(r)$ 的基本思想是使用混交度函数 $m(\xi_i) \neq m(\xi_j)$，即评估所分析的一对林木的树种标记 m 是否不同。有关混交度的详细内容可参见 1.3.2 节。公式 5-5 给出了标记混交函数的一个合适的估计量。

$$\hat{v}(r) = \frac{1}{EM} \sum_{\xi_i, \; \xi_j \in W}^{\neq} \frac{1(m(\xi_i) \neq m(\xi_j))k_h(\|\xi_i - \xi_j\| - r)}{2\pi rA(W_{\xi_i} \cap W_{\xi_j})} \tag{5-5}$$

　　其中，ξ_i、ξ_j 表示观察窗口 W 中空间模式的任意林木个体的位置；k_h 为核估计函数，在本研究中使用了 Epanechnikov 核密度函数（Pommerening and Grabarnik，2019）；$A(W_{\xi_i} \cap W_{\xi_j})$：$W_{\xi_i}$ 和 W_{ξ_j} 相交的面积（Illian et al.，2008），与边缘校正相关（Ohser and Stoyan，1981）；预期混交 EM 是一个标准化术语（Pommerening and Grabarnik，2019）。当 $\nu(r) > 1$ 时，不同树种相互吸引，当 $\nu(r) < 1$ 时，相同树种相互吸引。即不同的树种被安排在不同的团中。空间不相关（=独立）树种标记用 $\nu(r) \approx 1$ 表示。与标记变异函数和标记相关函数类似，异种吸引也可以称为负相关，而同种吸引符合正相关（Suzuki et al.，2008）。

　　适当的检验涉及先验标记或随机叠加的无效假设，也称为独立性检验（Illian et al.，2008；Pommerening and Grabarnik，2019）。该测试需要使用独立标记模拟 $n = 2499$ 空间模式，以估计包络线（Myllymäki and Mrkvička，2019）。由于树种是这项研究中感兴趣的标记，通过随机移动树种种群来模拟空间标记的独立性（Illian et al., 2008；Pommerening and Grabarnik, 2019）。为此，我们在模拟中，通过将相同的随机值 zx 和 zy 添加到这些个体的 x 和 y 坐标，随机移动了树种 1 的所有个体。可变边界确保了所有点都在观测窗口内。对于树种较多的林分，我们选择了株数尽可能多的树种，移动了大约一半的点。

标记变异函数 $\gamma_m(r)$ 是由地质统计变异函数衍生而来的，用于植物大小变量等定量标记。其测试函数为 $\frac{1}{2}[m(\xi_i)-m(\xi_j)]^2$。通过将两个大小标记 m 相减的平方差来量化它们之间的差异。我们在本研究中使用的标记变异函数的估计量表示为：

$$\hat{\gamma}_m(r) = \frac{1}{\sigma_m^2} \sum_{\xi_i, \xi_j \in W}^{\neq} \frac{\frac{1}{2}(m(\xi_i) - m(\xi_j))^2 k_h(\|\xi_i - \xi_j\| - r)}{2\pi r A(W_{\xi_i} \cap W_{\xi_j})} \tag{5-6}$$

相比 $\hat{v}(r)$ 函数，$\hat{\gamma}_m(r)$ 使用了不同的测试函数，并且应用了不同的归一化方法：使用了标记方差 σ_m^2 的倒数。在我们的研究中，采用胸径为林木的大小标记。标记之间的较大差异用 $\gamma_m(r) > 1$ 表示（也称为负自相关），反之，$\gamma_m(r) < 1$（也称为正自相关）。无论所讨论的两个标记是都大还是都小，这两个标记的大小都是相似的。空间不相关（即独立），用 $\gamma_m(r) \approx 1$ 表示（Suzuki et al., 2008；Pommerening and Särkkä, 2013）。

与其他定量标记一样，零假设与后验标记或随机标记有关。这种标记独立性假设下的模拟通常基于固定点位置和标记排列。根据传统的随机标记方法，所有的大小标记都可以自由排列，没有任何限制。然而，当研究涉及多个物种的多元模式时，通常限制随机标记，使林木大小仅在每个物种种群内排列（Wiegand and Moloney, 2014；Wang et al., 2020）。因此，保留了每个物种的非空间经验大小分布。此外，我们还应用 n = 2499 模拟来估算包络线的置信区间（Myllymäki and Mrkvička, 2019）。为了揭示空间物种和大小多样性之间的相关性，我们特意应用了随机标记测试的两种变体。我们的假设是，两个随机标记测试的结果持有关于空间物种大小相关性的重要线索。

5.4.3 模拟数据分析

标记混交函数 $v(r)$、标记变异函数 $\gamma_m(r)$ 和相关性检验对不同的树种混交策略做出了响应。由于过程是随机的，我们对每个空间模式进行了 100 次模拟，得到图 5-16 的曲线和包络线的平均值。

标记混交函数的不同形状清楚地描述了前文中的两种预期，即①树种 1 和 2 在短距离内紧密混交（导致不同树种的吸引和负自相关）；②树种 1 和 2 在短距离内混交较低，因此出现在分离的集群中（导致相同树种的吸引以及正自相关）。在图 5-16 的前两行 a 和 b 中，我们可以看到空间大小多样性"跟随"空间树种多样性，即，当 $v(r) > 1$ 时，大小标记也存在负自相关（树的大小差异很大）。当 $v(r) < 1$ 时，大小标记正相关（树的大小差异很小）。这意味着，如果涉及的树种具有非常不同的大小范围并具有单峰大小分布，那么大小多样性显然是混交导致的结果。

从图 5-16 的 a 和 b 行中，我们还了解到，从传统随机标签（图 5-16 的 B 列）和限制物种内随机标签（图 5-16 的 C 列）获得的包络线之间存在显著差异。在图 5-16 的 B 列中，包络线始终以水平线为中心，穿过 y = 1.0 处，而在 a 和 b 列顶部两行和图 5-16 的 C 列中可见，它

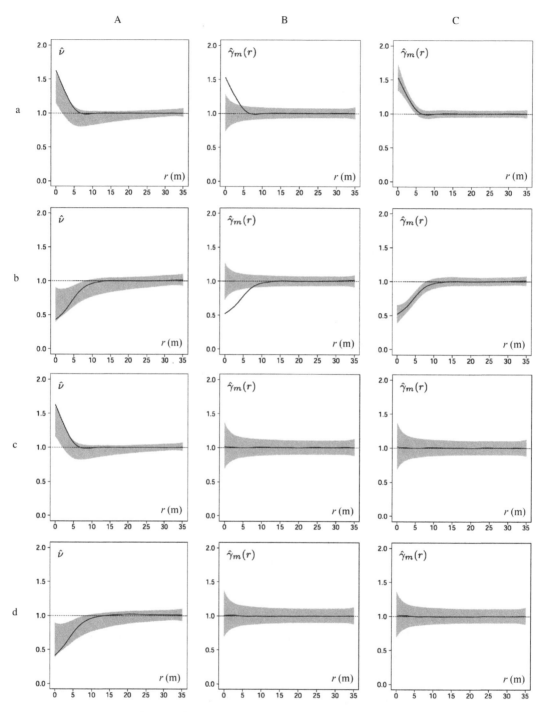

图 5-16　根据前文所述方法进行的点过程模拟的结果

注：A 为用随机叠加试验得出的标记混交函数 $\hat{v}(r)$ 及其包络线。B 为标记变异函数 $\hat{\gamma}_m(r)$，包括传统随机标记测试的包络线。C 为标记变异函数 $\hat{\gamma}_m(r)$，包括基于限制树种内随机标记测试的包络线。在顶部两行 a 和 b 结果的模拟中，树种 1 和 2 的大小范围明显不同。在底部两行中，树种 1 和 2 的大小范围相同。r 是树与树之间的距离。

们遵循标记变异函数曲线。B 组中的图似乎表明，在 $\hat{\gamma}_m(r)$ 高达 $r=10$ m 时，仍然是显著的。但图 5-16 的 C 列清楚地表明，当采用限制性种内随机标记检验时，情况并非如此。可见，两个随机标记测试得出的包络线的差异清楚地表明了树种和大小多样性之间的空间相关性。

图 5-16 的 c 和 d 行显示了对照试验的结果：在这里，所有树木大小都是从树种 1 的威布尔分布中取样的，也就是说，这两个树种没有明显不同的大小分布。虽然这些情况下的标记混交函数清楚地表明了两种不同的树种混交模式，但标记变异函数表明大小标记的独立性，即大小标记之间没有空间相关性。此外，从两个随机标记测试中获得的包络线都集中在 $y=1.0$ 的水平线上，并且完全相同。从这些结果中，我们可以得出结论，只有当涉及树种的大小范围明显不同时，才能建立空间树种大小相关性。

如果所涉及树种的大小范围相差很大，那么大小多样性是树种混交的函数，包括空间正相关或负相关。可见，随机标记测试的两个变体能够揭示空间树种和大小多样性之间的相关性。

5.4.4 现实数据分析

为了进一步展示树种丰富的森林生态系统中树种混交和大小多样性之间的关系，将使用不同地区的林分开展样地分析。

大青山样地(简称 D)位于中国林业科学研究院热带林业实验中心大青山林场。研究区位于广西萍乡市。年平均降水量 1261~1695 mm，每年主要降水量在 5~9 月。相对湿度在 80%~84%，年平均温度为 20.5~21.7 ℃。土壤为红土。原生植被类型以常绿阔叶林为主，种类繁多。大青山 a 地块，简称 Da(22°17′N、106°42′E)，以人工栽植的杉木和多种天然更新的阔叶树为主。

九龙山样地(简称 JS)位于北京西郊(39°57′N、116°05′E)太行山北支。该地区为温带大陆性气候，受季风气候影响较大，6~9 月有独特的雨季。年平均降水量为 623 mm，年平均温度为 11.8 ℃。该地区有一层薄薄的棕色岩石土壤，含石量高。本研究选用了九龙山林分 a 和 b，简称 JSa 和 JSb。JSa 林分以人工侧柏林(*Platycladus orientalis* FRANCO)为主，混合了一些自然再生的物种，如栎类(*Quercus variabilis* BLUME)、构树(*Broussonetia papyrifera* VENT.)、臭椿(*Ailanthus altissima* Swingle)、山杏(*Prunus davidiana* CARR.)、皂荚(*Gleditsia sinensis* LAM.)等。JSb 林分为次生针阔混交林，主要树种为人工种植的油松(*Pinus tabuliformis* CARR.)和华北落叶松(*Larix principis-rupprechtii* MAYR.)。

太子沟实验样地(129°56′~131°04′E、43°05′~43°40′N)位于吉林省。这片次生林简称 TF，位于长白山区的老野岭。海拔 300~1200 m，年降水量 600~700 mm。年平均温度为 4 ℃。该地区以深棕色土壤(腐殖质形成层)为主，土壤肥力较高。主要树种为蒙古栎(*Quercus mongolica* FISCH. EX LEDEB.)、白桦(*Betula platyphylla* SUKACZEV)、红松(*Pinus koraiensis* SIEBOLD & ZUCC.)、大青杨(*Populus ussuriensis* KOMAROV)、椴树(*Tilia amurensis* RUPR.)、槭类[*Acer pictum* subsp. *mono* (MAXIM.) H. OHASHI]等。本研究涉及的林分位于太子沟 c、f 区，简称 TFc、TFf。

林分的密度从太子沟 TFf 每公顷 952 株，到九龙山 JSa 每公顷 2331 株不等。TFf 的每公顷断面积最低(13.9 m²)，大青山最高，Da 为 33.2 m²。后者树种最多，包括 57 个树种，而 JSa 树种最少，只有 8 种。胸径变异系数是衡量大小多样性的非空间尺度，其中 TFf 最高，JSa 最低。

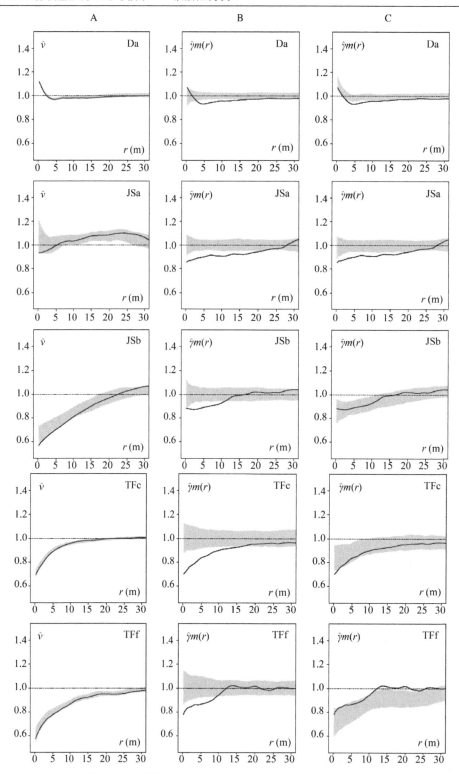

图 5-17 五个林分 Da、JSa、JSb、TFc 和 TFf 的分析结果

注：A 为标记混交函数 $\hat{v}(r)$ 和随机叠加测试生成的包络线；B 为标记变异函数 $\hat{\gamma}_m(r)$ 和传统随机标记测试的包络线；C 为标记变异函数 $\hat{\gamma}_m(r)$ 和限制树种内随机标记测试模拟的包络线。r 是树与树之间的距离。

5 个实际林分的结果显示了具有同种聚集性的空间多样性(JSb、TFc、TFf),即相同树种的树木出现在很近的地方,如图 5-17。样地 Da 中当 $r<5$ m、JSa 在 7 m$<r<$30 m 时,具有中度的异种吸引。Da 最初人工栽植了杉木,后来经历了天然阔叶植物更新。这解释了树种和大小的负自相关(Wang et al.,2020)。根据我们的经验,这种近距离异种吸引在自然界中相对罕见,通常是自然或人类干扰的结果。图 5-17 中,B 和 C 列的标记变异函数遵循标记混交函数的一般趋势,因此支持树种和大小之间的紧密联系。

除林分 JSa 外,两种随机标记模拟也导致了不同的测试结果:虽然无限制随机标记产生的包络线以标记独立性水平线为中心,但仅限于树种边界的随机标记产生了更接近标记变异函数的包络。值得注意的是,林分 JSa 并非如此。同时,在使用传统的非限制性随机标记测试时,标记变异函数似乎是显著的,而在应用限制性随机标记测试时,则不太显著或根本不显著(如 JSb)。林分 Da、JSb、TFc、TFf 与 JSa 之间的包络差异,可以用同种大小分布的不同模式来解释(图 5-18)。

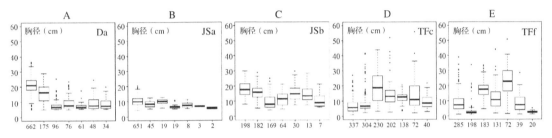

图 5-18 Da、JSa、JSb、TFc 和 TFf 中 7 种株数最多的树种的直径分布

注:横坐标上的数字为特定树种的株数。

我们选择了 7 种株数最多的树种的大小分布,因为这些树种之间的大小分布差异最有可能影响树种大小相关性。例如,在大青山林分 Da 中,前两个树种的大小分布明显不同,且这两个树种共同的分布也与其他 5 个树种大不相同。在太子沟实验林场,TFf 树种间的大小分布最不均匀,处于同一森林生态系统的林分 TFc 次之,直径变异系数最高(0.79 和 0.71;表 5-6)。同种大小分布的异质性越低,导致随机标记两种变体的包络线之间的差异就越不明显。九龙山 JSa 林分说明了这一大小分布最为极端的情况,其中 7 种树种的大小分布相当均匀,胸径变异系数最低(0.29;表 5-6)。这与图 5-17 中该样地 B 和 C 中的模拟随机标记的包络线相对应,两者基本相同。

表 5-6 五个样地的树木多样性监测汇总数据

样地	坡度 (°)	平均海拔 (m)	样地大小 (m×m)	密度 (hm²)	树种数	平均胸径 (cm)	胸径变异 系数	每公顷断面积 (m²/hm²)
Da	23	725	90×110	1445	57	15.4	0.486	33.16
JSa	17	145	40×80	2331	8	10.1	0.289	20.24
JSb	15	990	100×50	1346	12	14.4	0.392	25.44
TFc	8	675	100×100	1344	13	11.3	0.704	20.28
TFf	7	645	100×100	952	12	10.7	0.793	13.88

5.4.5 不同数据的比较

从对这些树种丰富的森林生态系统的分析中，发现一个有趣的结果，两个随机标记测试揭示的树种大小影响弱于 5.4.3 节中的模拟结果(图 5-16 和图 5-17)。

对比来说，我们的模拟分析表明，非同种的显著性分布差异是大小和树种多样性空间相关性的重要先决条件，这通常发生在天然林生态系统中。空间大小多样性"跟随"空间树种多样性，或者换句话说，空间大小不平等是空间树种混交的函数，甚至还有自相关的正负关系。

这意味着林木之间混交现象存在时，大小自相关为负，表明不同大小林木之间相互吸引，而在一定距离内的林木混交程度较低，即同种林木相互吸引时，表现为正的大小自相关性。林分 Da 是短距离内负自相关的一个例子，林分 TFf 则是一个特别强的正相关的例子。

空间树种大小相关性的存在可以通过比较应用于标记变异函数的两个随机标记测试的结果来诊断，即传统的、不考虑树种而进行检验的无限制变体和仅在树种种群边界内排列大小标记的限制变体(Wiegand and Moloney, 2014；Wang et al., 2020)。如果结果中包络的范围不同，则存在空间树种大小相关性。具体来说，至少在某些 r 中，用测试的限制变体模拟的包络不是以水平线为中心，通过 y=1 表示不相关大小标记的情况。两个测试包络线中心之间的差异越大，树种和大小多样性之间的空间相关性就越大。包络线的表现甚至提供了一个机会，可以潜在地将要计算的统计数据和相关测试的数量减少到一个，即标记变异函数和随机标记测试，其排列仅限于树种种群。如果该测试的包络线不是以穿过 1 的水平线为中心，而是遵循标记变异函数的曲线(至少对于某些 r)，则在该空间尺度上存在空间树种大小相关性。由于空间树种和大小的相关性，如果大小分布是单峰的，那么可以从标记变异函数的形状推断标记混交函数的形状，正如在前文的研究过程中一样。

我们的发现再次证实了最近的研究结果，表明空间树种和大小多样性通常是相关的(Pommerening and Uria Diez, 2017；Pommerening et al., 2019；Wang et al., 2020)。这一发现的重要性怎么估计都不为过，因为它意味着混交林的养护管理只需关注这两个空间树木多样性方面中的一个，同时"免费"获得另一个作为副产品。

同时，空间树种和大小多样性之间的这种相关性有助于解释关于大自然如何维持大小多样性的长期争论：现在看来，森林生态系统的大小等级和大小多样性很可能随着树种多样性的增加而增加。频繁发生的中小型自然和人为干扰为新的树种群落提供了机会，以在中等大小的林隙中更新，这一过程导致了空间树种大小相关性的独特模式，有时是负的，有时是正的。因此，来自周围斑块的更新保持了当地的多样性，提供了变异的来源。混交大小假说预测，较大的树木有较高的树种混交趋势(Pommerening and Uria Diez, 2017；Wang et al., 2018)，这只是树种和大小多样性之间正相关性的一个特例。在空间背景下，我们还可以推断，空间树种和大小多样性的负相关越大，稳定作用越强(Valone and Barber, 2008)。这些关于自然维持多样性如何发挥作用的见解对于保护工作者缓解气候变化造成的多样性损失是不可或缺的。

最后，本研究的一个有趣结果是，随机标记试验表明，多树种森林生态系统中的树种大小相关效应(图 5-17)通常弱于仅涉及两个树种的理论模拟(图 5-16)。这可以用这些生态系统中大量树种种群产生的"稀释效应"来解释。如图 5-18 所示，即使在 7 种株数最多的树种中，其不同树种的大小分布也非常相似，而只有少数树种的大小分布差异更为显著。因此，在树种多样性很强的森林中，空间树种大小相关性可能弱于树种较少的生态系统。因此，在多树种温带和亚热带森林生态系统中，分析时必须谨慎，因为空间树种大小相关性可能被树种种群中的一些可能具有相似的大小分布掩盖。

总的来说，空间树种扩散和同种大小分布是空间树种大小相关性的关键驱动因素，这种相关性是树木多样性自然维持的一个重要特征。应用简单随机大小标记技术有助于有效诊断它们。如果不同树种的大小范围不同，那么空间大小多样性在很大程度上是空间树种混交的函数。这些相关性的存在对保护至关重要，因为它们意味着保护工作可以合理化：可以只关注两个树木多样性方面中的一个。例如，稀疏树冠并创造林窗，或疏伐单种幼树的聚集性斑块。这种小规模的诱发干扰可能导致树木种类和大小的多样性。因此我们只需监测这两个多样性方面中的一个。

5.5 随机化造林

人工林是在造林和再造林过程中通过种植或播种建立的人工森林生态系统（Helms，1998），通常由集中管理的、间隔规则的单一树种林分组成，主要用于木材生物量生产，同时提供生态服务，如水土保持或防风固沙。人工林的扩大和强化管理引起了森林管理者和公众对其可持续生产和利用的关注。中国拥有超过 6900 万 hm^2 的人工林，是世界上种植面积最大的国家（Zeng et al.，2015），并致力于保护和扩大森林，以缓解近几十年来的土地退化、空气污染和气候变化（Chen et al.，2019）。中国也是世界上种植单一作物面积最广的国家，根据第八次国家森林资源清查，中国的生产性种植林总面积为 47069600 hm^2。

过去两个世纪，森林科学和管理的大部分历史都集中于优化木材生产效率，主要用于木材、纸浆和燃料（Carnus et al.，2006）。常规种植模式可促进种植活动和机械化作业的规划和执行。这些做法是种植政策中固有的（Stiell，1978），主要关注基于同质产品生产和操作成本较低的理念（Puettmann et al.，2015），但没有适当考虑人工林生态系统的自然演替。人工林生态系统的恢复力决定了生态效益的范围和持续时间。生态恢复力是指系统在达到阈值之前吸收影响的能力，描述了系统在干扰后恢复平衡值的趋势（Redfearn and Pimm，1987）。弹性系统被视为适应当前的环境，由于干扰的发生而适度波动，但不易受到更强的偶发自然事件的干扰。只要环境条件保持不变，它们可以在适度的管理制度下维持，预计不会出现严重的健康问题（Führer，2000）。

森林生态系统持续存在的能力取决于其控制或管理这些能力的自然机制。这些机制的效率是生态系统发展和恢复力的本质（Bormann and Likens，1979）。因此，对影响森林生态系统的不稳定因素的控制或管理是否成功，决定了森林管理的成败。如第二章所述，人工林中的造林和场地管理实践对林分动态和结构有直接影响，并将极大地影响整个森林生态系统（Allen et al.，1995）。林分种植密度、林分的建立、竞争植被的控制、商业或商业前的间伐、修剪、方法和收获时间在很大程度上决定了林分发展的速度、林冠郁闭和林分发展等阶段的开始和持续时间，以及树木结构和林分结构的变化（Führer，2000）。

一般而言，天然林群落比种植单一植物群落更稳定（Gunderson，2000）。与天然林相比，人工林生态系统被理解为缺乏内在的自我调节，通常指物种多样性较低（Hartley，2002），对害虫和疾病的抗性较差（Jactel et al.，2005）。但由于目前的经济和技术限制，改善人工林物种多样性仍然是一个挑战。因此，当人工林建立或管理时，适当增加空间异质性会开辟新的方向（O'Hara，1996；Hartley，2002）。

传统种植方法中，种植点的刚性排列定义了给定密度下所有树木的空间分布。种植点的安排通常是有规律的，这种模式的结果是每棵树都有相同的生长空间，这通常被认为是可用森林面积的最充分和最佳利用方式。种植点的对称有序布置可能有利于机械化造林和林分抚育。然而，可用资源和生长空间的统一分配导致了与天然林群落中观察到的完全不同的模式。

自然演替导致自然群落中森林分布模式和结构多样性与异质性的变化（He and Duncan，2000；Gonçalves and Batalha，2011）。结构多样性，特别是空间结构，随着林分的发展不断变化，在人工林中尤为重要。结构多样性对动物物种多样性和森林植物群落中植物物种多样性同样重要。人工林的结构复杂性是紧随生物多样性的一个重要决定因素，可用于近自然管理。森林空间结构是过去作用于林分的许多过程之间复杂相互作用的结果（Moravie and Audrey，2003），包括环境异质性（Valverde and Silvertown，1997），以及个体和种群之间的竞争。

森林也随着个体树木的生长、死亡而动态变化，并相互竞争光、水和养分等资源，尤其是在树冠郁闭之后。因此，树木竞争和种群动态可能对大气和森林之间的能量、水和碳平衡产生重大影响。对资源的竞争可以是对称的，也可以是不对称的。在自然群落中，森林微环境通常是高度可变的，导致生态位和竞争的不对称模式，导致个体树木随时间的分化。不对称程度会对植被林分的动态产生深远影响。对称竞争不提供系统正效应，因为平等的竞争对手不会共同生存。森林生态系统的发展需要不对称竞争，这种竞争是允许长期发展的。一些学者提出了证据，证明树木的不对称竞争是不均匀异龄林恢复的原因之一（Bartelink and Olsthoorn，1999）。微环境的差异影响了个别植物在某些地方茁壮成长的能力。因此，许多学者认为，有必要学习自然生态系统，特别是其结构和动态。因此，森林管理的新愿景表现为一系列造林原则和管理措施。其中之一是指保持结构多样性和小尺度可变性，在一系列空间尺度上采用不同的管理方法，特别强调小尺度林分结构的多样性，包括单木和邻域条件。这些生态系统将表现出更强的恢复力，在干扰后能够恢复到之前的条件状态，包括维持其基本特征、树木组成和结构以及生态系统功能。

给定数量的树可以种植在随机位置，这可以通过计算机模拟来定义。种植点有多种可能的随机模式，因此很难决定哪种模式最适合。此外，更重要的是，随机设计的实际实现将非常困难。种植作业需要明确定义种植点。因此，简单和规则的模式在实践中是优选的，无法完全摒弃，而完全随机的设计可能是不可接受的。管理层可以接受完全随机和完全规则的两个极端之间的折中模式，同时满足旨在模仿天然林中观察到的模式的造林要求。

如前所述，我们假设自然生态系统可以作为同一地点人工林的参考。在没有人为干预的情况下，人工林最终在很长一段时间后形成其当地参考的特征。这种假定的自然转变可能需要很长时间，可以通过适当的人为干预来缩短这一漫长的转变，如设计一种类似于天然森林结构的种植模式，而不损失操作便利性。通过人为中间操作或管理改善现有人工林的空间结构也是实现这一目标的另一种方式。我们希望确定一些共同的结构特征，以帮助我们设计更"自然"的种植模式。

因此，本部分研究将尝试为人工林开发接近自然的种植模式，这些种植模式包含至少50%的随机体（在所有研究的天然林中发现），并尽可能具有规律性。

5.5.1 人工林结构体的分类

由于人工林初始成行成列地种植方式，使之形成的结构体和天然林有所不同。我们从3×3 个空的种植点开始。这 9 个种植点包括一个中心种植点及其 8 个最近的点，编号为1~8。图 5-19 显示了 9 个种植点中栽植 5 株林木，即一个结构体时的所有可能种植模式。根据角尺度的定义，当对一株中心木设定 4 个相邻木时，可能有 13 种不同的结构体，包含了 5 个均匀或非常均匀的结构体（$W_i < 0.5$）、7 个随机体（$W_i = 0.5$）和 1 个聚集体（$W_i > 0.5$）。

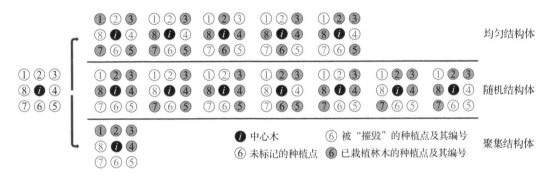

图 5-19　人工林结构体分类

注：9 个种植点栽植 5 株林木的所有可能种植模式。对于 4 个相邻木，有 13 种不同的结构体。

5.5.2 优化种植点布局

图 5-19 显示了人工林中不同类型的结构体，但如何利用它们在一排排种植点的开放空间中获得接近自然的种植模式？想象一下，一开始所有的种植点都是空的，起初是没有树木的。使用 R（版本 3.5.1，R Development Core Team）生成种植模式需要 3 个步骤：

（1）将种植点识别为不位于地块外缘的第一个空的中心点，并设置为中心木。对于该中心木，其周围有 8 个最近的空种植点。

（2）代码将找到 8 个点中的 4 个，以构建随机体，并在其上"种植"树；剩下的 4 个种植点是空的，将被"摧毁"。现在，前 3×3 个种植点已用随机体填充，有 7 种可能的不同随机体，如图 5-19 中间行所示。

（3）如果种植点在第 2 步中没有被"摧毁"，代码将移动到下一个种植点。周围仍有 8 个最近的种植点，可能包括一些已"种植"的点和一些被"摧毁"的点。代码将构建第二个随机体，包含"种植"点和其他空点，但将忽略这些 3×3 种植点中的已被"摧毁"的点。同样可以选择 7 种可能的不同随机体。这一过程将一行一行地延续，直到地面上没有未标记的种植点。图 5-20 显示了生成种植模式的示例。

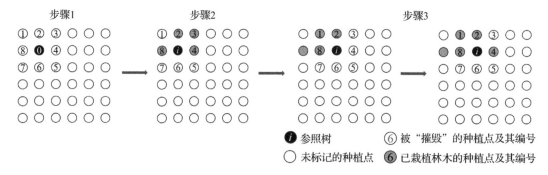

图 5-20　生成种植模式的示意图

注：①将中心点标记为种植点 0，并设置为中心木；点 1~8 是最近的空种植点。②种植点 0、2、3、4、8 标记"栽植"并形成第一个随机体。在本例中，我们仅展示图 5-19 中间行的第一个随机体。代码还可以生成其他类型的随机体。因此，剩余的 4 个种植点 1、5、6 和 7 被"摧毁"，将不会在这些点上种植林木。③选择步骤 2 中未被"摧毁"的新的种植点；我们也将其称为种植点 0，标记为中心木。该中心木具有新的 1~8 个最近的种植点，包括 3 个已"种植"（1、2、8）、2 个已被"摧毁"（6、7）和 3 个空点（3、4、5）。R 代码将选择 1、2、4、8 来构建第二个随机体，3、5、6、7 将被"摧毁"。程序将依次遍历所有种植点。

算法中有一些特殊情况需要解释：

（1）对所有种植点的标记，如"种植""摧毁"只标记一次，一旦确定了该点的标记，将不再更改为其他标记；但空的种植点可以标记为以上两种的任意一种。

（2）有时下一个点已经在步骤 2 或步骤 3 中被"摧毁"，在这种情况下，代码将越过该点并转到下一个，也就是说，已被标记了"摧毁"的种植点将不能作为中心点，因此也不可能成为中心木或相邻木。

（3）如果没有足够的已"种植"的点或空点在中心点周围创建结构体，则该种植点不能作为中心点或中心木，但仍可作为相邻木；在这种情况下，代码将跳转到下一个种植点。

（4）如果某一中心点周围的种植点已经存在 4 个以上的"种植"标记点，也就是说该中心点已经有 4 个以上的相邻木，则无法构成结构体，那么该种植点不能作为中心点和中心木，但仍可作为相邻木；代码将跳转到下一个种植点。

（5）当确定中心木时，代码将优先构建随机体，尤其是与之前已确定的随机体相同的随机体。

本研究中的 R 代码仅用作获得接近自然种植模式的算法和工具，但在使用种植模式时无须运行此代码。以下显示了使用第一种随机体作为示例的伪代码。它从模拟区域中的任意空的种植点 0 开始。

```
For ( go though all the planting points in the area ) {
    Find and define a planting point 0 as reference tree;
    If ( planting point 0 is on the edge ) {
        move to next planting point 0
    } Else {
        find the nearest eight planting points 1 to 8;
    If ( four or more planting points are "planted" or "destroyed" ) {
        move to next planting point 0
```

```
 } Else {
    delete the "destroyed" points;
    go through all possible structural units using other points
    (all the "planted" points must be contained);
    judge whether a random structural unit can be created;
 If (the first type of random structural unit can be created) {
    mark the planting point 0 as a reference tree;
    mark the neighbor planting points as "planted";
    mark other neighbor planting points as "destroyed";
    move to next planting point 0
 } Else if (other types of random structural unit can be created) {
    mark the planting point 0 as a reference tree;
    mark the neighbor planting points as "planted";
    mark other neighbor planting points as "destroyed";
    move to next planting point 0
 } Else {
    move to next planting point 0
 } } } }
```

如果人工林按照规则模式造林，将在每个种植点上栽植，我们称之为完全分配。目前，大多数人工林都是以这种方式建立的，导致所有 W_i 值等于 0 的刚性规则模式。我们根据以下目标函数模拟了所有可能的新模式：

$$\max N_{W_i = 0.5} \tag{5-7}$$

约束条件如下：

(1) $N_{W_i = 0.5} \geqslant 0.5N$；

(2) $N \geqslant 0.5N_0$；

(3) 行、列栽植。

其中，$N_{W_i = 0.5}$ 表示随机木的数量；N_0 为种植点的数量，如行间距为 1 m×1 m，种植面积为 1 hm^2，则 $N_0 = 10000$。

第一个约束条件可以确保随机体的最小比例(如在天然林中)；第二个约束确保种植模式具有合理的密度，以防止形成过多的间隙；第三个限制要求新的设计是规则的、简单的和可行的。为了避免森林边缘附近树木造成的系统误差，我们在地块周边各设置了一行或一列的缓冲区。缓冲区中的林木仅计算为潜在相邻木。

5.5.3 随机化造林技术

共优化得到了 4 种不同的种植点布置，其中随机体的比例均超过 50%(图 5-21)。这 4 种模式具有几个重要特征：①每种模式的株数都少于完全分配模式；②种植形式仍为行和列的规则形式(操作方便)；③至少 50% 的结构体是随机体；其余为均匀体或聚集体。

这 4 种新模式是可行的，因为它们符合上文定义的约束条件。且每种模式都有特定的特点。

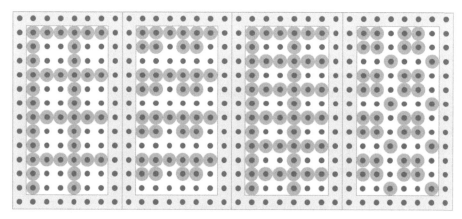

图 5-21   4 种随机化造林的种植模式

注：该图显示了 8×14 = 112 个种植点的小样方。

模式 1：种植点的第一行被完全栽植占用。随后两行每栽植占用一个种植点，随后则置空两个种植点。

模式 2：种植点的第一行被完全栽植占用，随后一行每栽植两个种植点，则置空一个种植点；第三行全部置空。

模式 3：种植点的第一行完全被栽植占用，随后一行每栽植占用一个种植点，随后则置空两个种植点。

模式 4：前两行中，每栽植两个种植点，随后置空一个种植点；第三行每置空两个种植点，随后栽植一个种植点。

模式 1~4 可以容易地复制到大面积人工林中。这 4 个近自然安排的植树数量（N）为全部种植点的 50%~70%。随机体的比例已显著增加到 60%~80%。其中，模式 1 和模式 4 的随机体比例最高：4/5 的树位于小规模随机环境中。

在 4 种最佳模式中，模式 1、2 和 4 具有相同的种植密度（5556 棵/hm²）。当需要高比例的随机体时，模式 1 是可以优先考虑的。模式 2 和模式 3 的随机体比例分别为 60% 和 75%。模式 3 的随机体比例虽然略低于模式 1 和 4，但其种植密度高于其他三种模式，其林木数量为 6667 株/hm²。当需要更高密度的种植策略时，应优先考虑模式 3。

5.5.4   应用场景及其技术特点

如前所述，森林生态系统不仅受到树木之间竞争的影响，还受到生态系统动态的影响。在树冠郁闭之前，树木之间不相互作用时，不存在不对称竞争，个体可以在短轮伐期内完全占据周围资源，如种植园。这种情况无助于研究空间结构与森林生态系统之间的关系。因此，我们研究具有相连或重叠树冠的林分。

人工林的多样性在很大程度上取决于年龄，随着年龄的增长，人工林变得更加复杂。加快人工林格局分布变化的研究可以人为地缩短这一过程，这也是本研究带来的最大收益，即林分郁闭后，新格局分布可以更快地诱导不对称竞争的发生，使其在更短的时间内接近天然林。不可否认的是，这种不对称空间格局所产生的影响在人工林的不同生命周期中具有不同的强度。如果人工林在林冠郁闭前进行短期轮换，则不建议采用这种方法。

新方法有两种应用场景。①植树造林。在造林时，采用上述模式，需要更少的树木种植，更少的劳动力和更少的成本来种植幼苗。一旦树冠接触，不对称竞争就开始了。整个过程不需要中间操作和管理。当需要收获或作物轮作时，可以以相同的模式进行间伐。例如，将具有 1 m×1 m 间隔的特定模式的人工林间伐为具有 2 m×2 m 间隔的相同空间模式的人工林，然后森林持续生长，并产生新的不对称竞争。②现有的人工林。对现有的均匀分布的人工林间伐，以形成随机分布。这种方法的优点是不需要皆伐和重新造林。这种模式的效果将在随后的生长过程中逐渐显现，特别是在冠层郁闭后。缺点是并非所有的人工林都分布均匀。即使在这种情况下，仍建议在经营的过程中以更随机的方式管理树木的分布。根据这一原则，也发展了专门针对现有人工林的中大径木随机化经营策略，将在下一节中详细介绍。

人工林的传统种植点总是呈对称排列，这可能便于进行机械化作业。这些想法是植树政策中固有的，这些政策要求定期间伐和疏伐作业，以留下均匀的林分(Stiell, 1978)。然而，与结构更复杂、多样性更丰富的天然林相比，人工林可能面临一系列问题，包括多样性低和生物风险更高："当前的个体林木生长模型很少考虑特定类型的树间竞争，当生长受到光限制时，这种竞争可能是大小不对称的"(Pretzsch and Biber, 2010)。边缘效应可以解释这种现象。森林边缘通常提供不同的环境，与树木完全被相邻木包围的内部环境相比，这通常更有利于单个树木的生长(Wuyts et al., 2008)。很明显，与单株林木相比，丛生树木的叶片数量总体减少，导致胸径生长较低。

这4种最佳模式的效果是，每株林木的竞争会有所不同。群落的这种变异性与自然群落更为相似，而不是所有个体都受到相同竞争影响的常规模式。这种可变性可能导致群落更大的恢复力，但这一假设必须通过经验证据进行检验。因此，本研究中开发的理论种植模式已用于甘肃天水油松人工林的试验种植(图 5-22)和北京房山的杨树人工林。

图 5-22　中国甘肃省天水市的油松人工林

我们的结果基于 1 m×1 m 间距的假设，则每公顷 10000 棵树。如果行间距发生变化，如变为 0.5 m×0.5 m、2 m×2 m 或 5 m×5 m，则密度将发生变化，但空间格局和林木之间的相对位置不会发生变化。以角尺度为特征的结构体不受相邻木之间距离的影响，仅受相邻木之间角度的影响。可以在改变个体初始位置的同时选择新的种植模式。因此，可以使用 4 种最佳模式中的任何一种，建立具有不同位置和每公顷不同数量的人工林。

4 种最佳模式中的每一种都有空的空间，即没有被占用的种植点。如果人工林位于天然林附近，这些暴露的缺口可能自然形成林窗，并发生天然更新。例如，特定的草本植物群落或入侵的先锋树种，这些天然更新也可能加速近自然森林群落的转化而产生积极影响。同时，正如 5.4 节所述，大小异质性和混交还可以进一步相互促进近自然化的进程。

农林业是另一种在林冠郁闭前利用林隙的方法。农林业越来越多地被视为提供生态系统服务、环境效益和经济商品和多功能景观的一部分。千年生态系统评估（millennium ecosystem assessment）和国际农业科学和技术促进发展评估（international assessment of agricultural science and technology for development）都强调了农业生态系统的多功能作用。我国在农林业方面有很多经验，并在不同地区种植了 150 多种树木，特别是马尾松和杨树，都与农作物相关。涉及杉木的广泛农林复合经营体系也在浙江省得到应用。因此，利用最佳模式中的林隙还可以为农林业作物生产创造新的机会。

5.6 人工林中大径木随机化经营

以上内容为针对新造林的随机化造林技术，但针对现有人工林，尤其是已经发育了多年的人工林，大多难以确定其规则的行列种植模式，针对这类人工林，本节也提出了相应的随机化经营措施。

我国人工林主要树种包括杨树、桉树、落叶松、杉木和马尾松。我国现有人工林生产力低和稳定性不高，85% 为简单结构的纯林，人工林每公顷蓄积量只有 52.76 m^3。主要原因是大面积单一树种密植，究其原因在于人工造林时没有真正做到适地适树和结构优化及长期以来不合理的经营（粗放经营、科技含量低）和过度利用（短周期皆伐轮作），从而造成林层和树种组成单一、树木同龄、林木大小和分布格局均匀等问题。这些问题对于地区木材生产和生态安全、区域国民经济发展、农村产业结构调整、饮用水源地保护及水资源保障等方面产生了严重的影响。如何提高人工林的生产力和稳定性，从而提升现有人工林生态系统的功能是一个亟待解决的问题。

有关人工林的经营技术研究在我国开展了积极探索，为践行"绿水青山就是金山银山"的理念提供了有益的借鉴。在国际、国内专家的帮助和指导下，结合我国新常态林业发展的要求，以现有杉木、落叶松等常见人工林为对象，大规模开展培育优质大径级用材林的经营活动。经过长期试验、调整、结合实践不断摸索，总结出一套行之有效的针对人工林的中大径木随机化经营技术。

人工林中大径木随机化经营技术是广泛吸取"可持续发展"的思想，充分发挥学习自然、模仿自然的理念，基于林木空间特征的研究建立的系统性经营方法。之前的研究认为，不完全非均衡资源分配可以导致格局多样性，而格局多样性正是稳定性和生产力形成的重要基础；在相同的大环境（气候、土壤）条件下，林分中的优良单株在优越的生长微环境中其优势能被显著放大；在前期基于角尺度分布的天然林的结构研究表明，自然形成的森林的林木分布格局通常由均匀、随机和团状三部分构成，且随机部分占大多数。近自然森林经营的实质就是要模仿自然的森林结构以增强生态系统的稳定性、提升森林质量。基于该技术的试验和应用表明，这种方法可以有效地改善林分状态，提升林分尤其是中大径木的生产力，显著提高了森林质量，取得了明显的社会、生态和经济效益。

5.6.1 随机化经营技术

我国人工林通常以行植方式栽植，这种人为均匀性在生长中后期可能造成林木间竞争压力过大。人工林中大径木随机化经营的原理即，仿照天然林的随机结构，在现有人工林中人为构造随机体，给予原本优势的林木更加优越的微环境，成倍放大其生长优势，以获得比传统经营方式更大的生产力和稳定性。

具体方法为：沿等高线方向划带，在每个带中选出一定株数的中大径木，在每株中大径木的最近相邻木中，留选相对较大且健康的林木以构造随机体，同时伐除其他林木。

主要技术：沿等高线方向每行或每5~8 m带选出10%~15%株数的中大径木，在每株中大径木的8株最近相邻木中，留选4株可构造成随机体的、相对较大且健康的林木，伐除不健康和影响随机体的其他林木，健康且不影响随机体构建的林木可适当保留，最终确保调整后该大(中)径木的角尺度为0.5。尽可能选择大的相邻木构成随机体，或尽可能选择共用相邻木，以避免过多采伐。如相邻木中偶有其他树种，则优先作为保留相邻木，以提高林地多样性。林地内，选择的中大径木要均匀分布于林地内，如果两个中大径木相邻，则选择其中之一作为经营对象。主要步骤包含以下几个，如图5-23。

(1)在样地中，沿等高线方向行走，每5~8 m或延等高线划成一个带，此步骤不需要刻意标记，如图5-23(A)。

(2)在该带中选出若干株中大径木，通常约本带株数的10%左右，如图中深灰色实心圆。

(3)目测确认每株中大径木最近的8株相邻木，图5-23(A)中，为较大空心圆内浅灰色的实心圆。

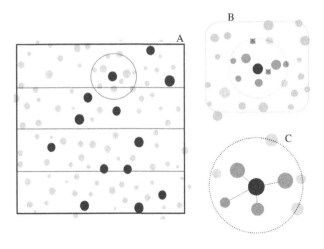

图5-23 中大径木随机化经营示意图

（4）伐除这 8 株相邻木中不健康和影响随机体构成的林木，如图 5-23（B），两株林木由于不健康或影响随机体的构成需要伐除，用×号表示。

（5）伐除不健康林木后，选取了较大且能组成随机体的 4 株林木，如图 5-23（C），5 株深灰色实心圆共同构成一个随机体；其余浅灰色林木不影响随机体的构成，不做处理。

在以上步骤中，需要注意并遵循以下一些原则。

（1）选取培育对象：郁闭度大于等于 0.7 的林分中的一定比例的中大径木。对首次间伐的人工林按经营带上全部林木株数的 10%比例选择培育对象，已经历过间伐又需要进行经营的人工林按 15%的株数比例选择。选择的中大径木林木要尽可能均匀分布于林地内，如果 2 个中大径木相邻，只选择其中一株更好的（胸径更大或生长更为优势的）作为培育对象。

（2）划分经营带：沿等高线方向，每 3~5 行，或按照等高线方向作为一个经营带，以经营带为基本经营单位进行培育对象的选择。对于培育对象的经营则以所选的中大径木为中心，视实际情况可以跨带经营。

（3）构造随机体：针对已选择的中大径木，审视其周围最近 8 株相邻木，判断哪 4 株能够与其构成随机体。具体方法是，首先审视最近 4 株相邻木，若最近 4 株相邻木不能与所选中大径木构成随机体，则用第 5 株替换前 4 株中的一株，再判断替换那株后是否可形成随机体，若可以形成随机体，则把被替换的林木标记为伐除。依次在 8 株相邻木中进行选择构造随机体。当该中大径木不能与其相邻木构成随机体时，则替换该培育对象。操作过程遵循以下原则。

树种多样性原则：如果 8 株相邻木中偶有其他树种，则优先将其作为保留相邻木。

随机体优先原则：如果所选的中大径木与其最近 4 株相邻木已构成随机体，则不需要再构造新的随机体。

最小干扰原则：如果用第 5 株相邻木替换后能形成随机体，则绝不再尝试用第 6 株构造新的随机体。

优秀林木组成随机体原则：在可选前提下，尽可能多地选择较大的相邻木构成随机体，伐除没有前途的相邻木。

（4）采伐作业：采伐方式选择单株择伐。采伐强度控制在林分蓄积量的 25%以下。采伐时，需要在保证安全的前提下定向倒木，树倒方向与集材道最好成一定的夹角（30°~45°）；尽量保护好母树、幼树、保留木及珍稀树种，尽可能的保护和促进天然更新；严格控制伐桩高度，树木伐桩高一般不超过 15 cm（LY/T 1646—2005 森林采伐作业规程）。

图 5-24 展示了一个位于甘肃省小陇山白音的 20 m×30 m 杉木人工林模拟经营的设计方案，该方案在完成样地调查后，将数据上传到计算机后自动输出，得到以下实施方案。图中，红色实心圆为样地内选取的中大径木。为了确保模拟经营的准确性，用蓝色数字标记了从每株选取的中大径木到其第 8 株相邻木的水平距离，并用黑色空心圆标记了 8 株相邻木的范围。

为了方便营林人员的野外操作，表 5-7 提供了林分作业设计采伐表，其中，采伐原因包括不健康（虫害、病害、歪斜、断头等）和妨碍随机体构建两种。中大径木树号是指被采伐的林木属于哪株中大径木的相邻木。

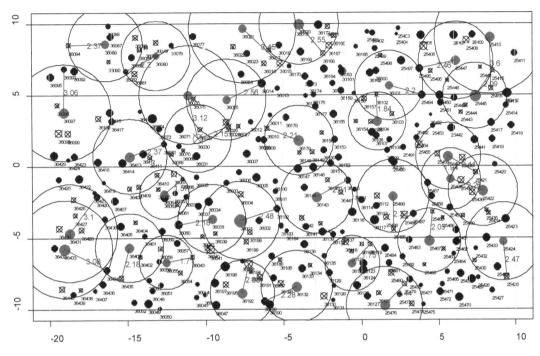

图 5-24 杉木人工林中大径木随机化经营实例

表 5-7 林分作业设计采伐表

调查日期：　　　　　　　　　　　　作业日期：　　　　　　　　　　　　样地编号：

采伐树号	胸径	树高	中大径木树号	采伐原因	备注

　　长时间以来，伴随我国经济的高速发展，日常生活对木材类产品需求量不断扩张。总的来说，我国人工林的种植面积不断扩大，但因此也引发了一系列的问题：物种多样性降低，林分结构过于单一，病虫害的蔓延，抗逆性越来越差，地力衰退等。严重影响了人工林生态系统的多功能发挥，从而导致如何更加有效科学的经营人工林成为当下林业急需解决的重点问题。

　　国内外有关人工林的经营多以近自然经营或目标树经营方法为主，以调整人工林的密度为主要手段，往往忽略林分结构优化等。因此，改善人工林的空间结构和树种多样性，不仅可以提升其生态功能，还可以提升其生产力，加速向多功能人工林生态系统的转化。

参考文献

惠刚盈，Gadow Kv，赵中华，等，2016. 结构化森林经营原理[M]. 北京：中国林业出版社.

惠刚盈，胡艳波，徐海，2007. 结构化森林经营[M]. 北京：中国林业出版社.

惠刚盈，克劳斯·冯佳多，2003. 森林空间结构量化分析方法[M]. 北京：中国科学技术出版社.

惠刚盈，王韩民，胡艳波，2005. 遗传绝对距离差异显著性检验方法[J]. 生态学报，25(10)：6.

惠刚盈，张弓乔，赵中华，等，2016. 林木分布格局多样性测度方法：以阔叶红松林为例[J]. 生物多样性，24(3)：280-286.

惠刚盈，张弓乔，赵中华，等，2016. 天然混交林最优林分状态的 π 值法则[J]. 林业科学，52(5)：1-8.

刘文桢，赵中华，胡艳波，等，2016. 小陇山栎类混交林经营[M]. 北京：中国林业出版社.

孙冰，杨国亭，李弘，等，1994. 白桦种群的年龄结构及其群落演替[J]. 东北林业大学学报(3)：43-48.

臧润国，井学辉，刘华，等，2011. 北疆森林植被生态特征[M]. 北京：现代教育出版社.

张弓乔，惠刚盈，2015. Voronoi 多边形的边数分布规律及其在林木格局分析中的应用[J]. 北京林业大学学报，37(4)：1-7.

张家城，蒋有绪，王丽丽，等，1993. 象限法在热带山地雨林群落学调查中的应用研究[J]. 植物生态学报，17(3)：207-215.

Aguirre O, Hui GY, Gadow Kv, et al. , 2003. An analysis of spatial forest structure using neighbourhood-based variables[J]. Forest Ecology and Management, 183(1-3): 137-145.

Allen RB, Platt KH, Coker REJ, 1995. Understory species composition patterns in a *Pinus radiata* D. Don plantation on the central North Island volcanic plateau [J]. New Zealand Journal of Forestry Science (25): 301-317.

Barbaro L, Pontcharraud L, Vetillard F, et al. , 2005. Comparative responses of bird, carabid, and spider assemblages to stand and landscape diversity in maritime pine plantation forests[J]. Écoscience(12): 110-121.

Bartelink HH, Olsthoorn AFM, 1999. Introduction: mixed forest in western Europe. IBN Scientific Contributions.

Bauhus J, Puettmann K, Messier C, 2009. Silviculture for old-growth attributes[J]. Forest Ecology and Management(258): 525-537.

Bormann FH, 1953. The statistical efficiency of sample plot size and shape in forest ecology[J]. Ecology(34): 474-487.

Bormann FH, Likens GE, 1979. Pattern and process in a forested ecosystem[M]. Springer, New York.

Brockerhoff E, Jactel H, Parrotta J, et al. , 2008. Plantation forests and biodiversity: Oxymoron or opportunity? [J]. Biodiversity and Conservation(17): 925-951.

Carnus JM, Parrotta J, Brockerhoff E, et al. , 2006. Planted forests and biodiversity[J]. Journal of Forestry, 104 (2): 65-77.

Carrer M, Castagneri D, Popa I, et al. , 2018. Tree spatial patterns and stand attributes in temperate forests: The importance of plot size, sampling design, and null model[J]. Forest Ecology and Management(407): 125-134.

Chen C, Park T, Wang XH, et al. , 2019. China and India lead in greening of the world through land-use management[J]. Nature sustainability(2): 122-129.

Dănescu A, Albrecht A, Bauhus J, 2016. Structural diversity promotes productivity of mixed, uneven-aged forests in southwestern Germany[J]. Oecologia(182): 319-333.

Di Filippo A, Biondi F, Piovesan G, et al. , 2017. Tree ring-based metrics for assessing old-growth forest naturalness. Journal of Applied Ecology(54): 737-749.

Donald PF, Fuller R, Evans AD, et al., 1998. Effects of forest management and grazing on breeding bird communities in plantations of broadleaved and coniferous trees in western England[J]. Biological Conservation (85): 183-197.

Dungan JL, Perry JN, Dale MRT, et al., 2002. A balanced view of scale in spatial statistical analysis[J]. Ecography(25): 626-640.

Ehbrecht M, Schall P, Ammer C, et al., 2017. Quantifying stand structural complexity and its relationship with forest management, tree species diversity and microclimate[J]. Agricultural and Forest Meteorology (242): 1-9.

European Commission, 2013. The new EU forestry strategy: for forests and the forest-based sector. Sumarski list [R].

Fady B, Cottrell J, Ackzell L, et al., 2015. Forests and global change: what can genetics contribute to the major forest management and policy challenges of the twenty-first century? [J]. Regional Environmental Change (16): 927-939.

Ford ED, 1975. Competition and stand structure in some even-aged plant monocultures[J]. Journal of Ecology (63): 311-333.

Forest Ecosystem Management Assessment Team (FEMAT), 1993. Draft supplemental environmental impact statement on management of habitat for late successional and old growth forest related species within the range of the northern spotted owl[R]. US Government Printing Office, Washington, DC.

Forrester DI, 2014. The spatial and temporal dynamics of species interactions in mixed-species forests: from pattern to process[J]. Forest Ecology and Management(312): 282-292.

Franklin JF, Van PR, 2004. Spatial aspects of structural complexity in old-growth forests[J]. Journal of Forestry (102): 22-28.

Führer E, 2000. Forest functions, ecosystem stability and management[J]. Forest Ecology and Management (132): 29-38.

Füldner K, Sattler S, Zucchini W, et al., 1996. Modelling person-specific tree selection probabilities in a thinning[J]. Allgemeine Forst Und Jagdzeitung, 167: 159-162.

Gadow Kv, 1993. Zur Bestandesbeschreibung in der Forsteinrichtung[J]. Forst und Holz(21): 601-606.

Gadow Kv, Hui GY, 2007. Can the tree species-area relationship be derived from prior knowledgeof the tree species richness? [J]. Forestry Studies, Metsanduslikud Uurimused(46): 13-22.

Gaston KJ, Spicer JI, 2004. Biodiversity. An introduction[M]. Blackwell Publishing, Oxford.

Gauthier S, 2009. Ecosystem management in the boreal forest[M]. Presses de l'Université du Québec, Québec.

Gonçalves C, Batalha M, 2011. Towards testing the "honeycomb rippling model" in cerrado[J]. Brazilian Journal of Biology(71): 401-408.

Gray A, 2003. Monitoring stand structure in mature coastal *Douglas-fir* forests: effect of plot size[J]. Forest Ecology and Management(175): 1-16.

Graz FP, 2004. Spatial diversity of dry savanna woodlands. Assessing the spatial diversity of a dry savanna woodland stand in northern Namibia using neighbourhood-based measures[J]. Biodiversity and Conservation, 15 (4): 1-16.

Gunderson L, 2000. Ecological resilience: in theory and application[J]. Annual Review of Ecology Systematics (31): 425-439.

Hartley MJ, 2002. Rationale and methods for conserving biodiversity in plantation forests[J]. Forest Ecology and Management(155): 81-95.

Hawley RC, Smith MD, 1936. The practice of silviculture[J]. Ecology, 17(1): 172.

He F, Duncan RP, 2000. Density-dependent effects on tree survival in an old-growth *Douglas fir* forest[J]. Journal of Ecology(88): 676-688.

Helms JA, 1998. The dictionary of forestry[M]. Society of American Foresters, Bethesda, MD.

Hubbell SP, Ahumada JA, Condit R, et al., 2001. Local neighborhood effects on long-term survival of individual trees in a neotropical forest[J]. Ecological Research(16): 859-875.

Hui GY, Albert M, 2004. Stichprobensimulationen zur Schätzung nachbarschaftsbezogener Strukturparameter in Waldbeständen[J]. Allgemeine Forst und Jagdzeitung, 175(10/11): 199-209.

Hui GY, Gadow Kv, 2002. Das Winkelmass-Theoretische Überlegungen zum optimalen standardwinkel[J]. Allgemeine Forst und Jagdzeitung, 173(9): 173-177.

Hui GY, Pommerening A, 2014. Analysing tree species and size diversity patterns in multi-species uneven-aged forests of Northern China[J]. Forest Ecology and Management(316): 125-138.

Hui GY, Wang Y, Zhang GQ, et al., 2018. A novel approach for assessing the neighborhood competition in two different aged forests[J]. Forest Ecology and Management(422): 49-58.

Humphrey JW, Newton A, Latham J, et al., 2003. The restoration of wooded landscapes: Proceedings of a conference held at Heriot Watt University[C], Edinburgh, 14-15, September 2000.

Illian J, Penttinen A, Stoyan H, et al., 2008. Statistical analysis and modelling of spatial point patterns[M]. John Wiley & Sons, Chichester.

Ishii HT, Tanabe S-I, Hiura T, 2004. Exploring the relationships among canopy structure, stand productivity, and biodiversity of temperate forest ecosystems[J]. Forest Science(50): 342-355.

Jactel H, Brockerhoff E, Duelli P, 2005. A test of the biodiversity-stability theory: Meta-analysis of tree species diversity effects on insect pest infestations, and re-examination of responsible factors[J]. Ecological Studies (176): 235-262.

Jay A, Nichols J, Vanclay J, 2007. Social and ecological issues for private native forestry in north-eastern New South Wales, Australia[J]. Small-scale Forestry(6): 115-126.

Jukes M, Peace A, Ferris R, 2001. Carabid beetle communities associated with coniferous plantations in Britain: The influence of site, ground vegetation and stand structure[J]. Forest Ecology and Management(148): 271-286.

Kenkel N, 1988. Pattern of self-thinning in jack pine: Testing the random mortality hypothesis[J]. Ecology (69): 1017-1024.

Kenkel NC, Juhász-Nagy P, Podani J, 1989. On sampling procedures in population and community ecology[J]. Plant Ecology(83): 195-207.

Kint V, Geudens G, Mohren GMJ, et al., 2006. Silvicultural interpretation of natural vegetation dynamics in ageing Scots pine stands for their conversion into mixed broadleaved stands[J]. Forest Ecology and Management, 223(1-3): 363-370.

Kraft G, 1884. Beiträge zur Lehre von den Durchforstungen, Schlagstellungen und Lichtungshieben[M]. Klindworth's Verlag, 154.

Krebs CJ, 1999. Ecological Methodology, 2nd edition[M]. Addison Wesley Longman, Inc, Menlo Park, CA.

Kuuluvainen T, Sprugel DG, 1996. Examining age-and altitude-related variation in tree architecture and needle efficiency in Norway spruce using trend surface analysis[J]. Forest Ecology and Management, 88(3): 237-247.

Leary DJ, Petchey OL, 2009. Testing a biological mechanism of the insurance hypothesis in experimental aquatic communities[J]. Journal of Animal Ecology(78): 1143-1151.

Lechowicz M, Bell G, 1991. The Ecology and genetics of fitness in forest plants. II. Microspatial heterogeneity of the edaphic environment[J]. The Journal of Ecology(79): 687.

Lindenmayer D, Hobbs RJ, 2004. Fauna conservation in Australian plantation forests—A Review[J]. Biological Conservation(119): 151-168.

Long JN, Shaw JD, 2010. The influence of compositional and structural diversity on forest productivity[J]. Forestry(83): 121-128.

López G, Moro M, 1997. Birds of aleppo pines plantations in south-east spain in relation to vegetation composition and structure[J]. Journal of Applied Ecology, 34.

Loreau M, Mouquet N, Gonzalez A, 2003. Biodiversity as spatial insurance in heterogeneous landscapes[J]. PNAS, 100(22): 12765-12770.

Lynch TB, 2016. Optimal plot size or point sample factor for a fixed total cost using the Fairfield Smith relation of plot size to variance[J]. Forestry(26): 251-257.

Magurran AE, 2004. Measuring biological diversity[M]. Blackwell Publishing, Oxford.

Matérn B, 1960. Spatial variation[J]. Meddelanden fran Statens Skogsforskningsinstitut(49): 1-144.

Matias MG, Combe M, Barbera C, et al., 2013. Ecological strategies shape the insurance potential of biodiversity [J]. Frontiers in Microbiology(3): 432.

McCleary K, Mowat G, 2002. Using forest structural diversity to inventory habitat diversity of forest-dwelling wildlife in the West Kootenay region of British Columbia. B. C. [J] Journal of Ecosystems and Management(2): 1-13.

McElhinny C, Gibbons P, Brack C, et al., 2005. Forest and woodland stand structural complexity: Its definition and measurement[J]. Forest Ecology and Management(218): 1-24.

Messier C, Puettmann KJ, Coates DK, 2013. Managing forests as complex adaptive systems: building resilience to the challenge of global change[M]. Routledge.

Moravie MA, Audrey R, 2003. A model to assess relationships between forest dynamics and spatial structure[J]. Journal Of Vegetation Science(14): 823-834.

Mori A, Lertzman K, 2011. Historic variability in fire-generated landscape heterogeneity of subalpine forests in the Canadian Rockies[J]. Journal of Vegetation Science(22): 45-58.

Myllymäki M, Mrkvička T, 2019. GET: Global envelopes in R[R]. arXiv: 1911.06583.

Nagel J, Biging GS, 1995. Schätzung der Parameter der Weibullfunktion zur Generierung von Durchmesserverteilungen[J]. Allgemeine Forst-und Jagd-Zeitung(166): 185-189.

Neumann M, Starlinger F, 2001. The significance of different indices for stand structure and diversity in forests [J]. Forest Ecology and Management(145): 91-106.

O'Hara KL, 1996. Dynamics and stockinglevel relationships of multi-aged ponderosa pine stands[J]. Forest Science, 42(4): 33.

Ohser J, Stoyan D, 1981. On the second-order and orientation analysis of planar stationary point processes[J]. Biometrical Journal(23): 523-533.

Palmer MW, 1990. Spatial scale and patterns of species-environment relationships in hardwood forest of the North Carolina piedmont[J]. Coenoses, 79-87.

Parrotta JA, Turnbull JW, Jones N, 1997. Catalyzing native forest regeneration on degraded tropical lands [J]. Forest Ecology and Management(99): 1-7.

Peet RK, Christensen NL, 1987. Competition and tree death[J]. Bioscience(37): 586-595.

Pillay T, Ward D, 2012. Spatial pattern analysis and competition between Acacia karroo, trees in humid savannas [J]. Plant Ecology, 213(10): 1609-1619.

Pommerening A, 1997. Simulating alternative sampling strategies for inhomogeneous mixed stands[J]. Allgemeine Forst Und Jagdzeitung, 168(3): 63-66.

Pommerening A, 2022. Approaches to quantifying forest structures[J]. Forestry, 75(3): 305-324.

Pommerening A, Gonçalves AC, Rodríguez-Soalleiro R, 2011. Species mingling and diameter differentiation as second-order characteristics[J]. Allgemeine Forst-und Jagd-Zeitung(182): 115-129.

Pommerening A, Grabarnik P, 2019. Individual-based methods in forest ecology and management. Springer, Cham.

Pommerening A, Särkkä A, 2013. What mark variograms tell about spatial plant interaction[J]. Ecological Modelling(251): 64-72.

Pommerening A, Svensson A, Zhao ZH, et al., 2019. Spatial species diversity in temperate species-rich forest ecosystems: Revisiting and extending the concept of spatial species mingling[J]. Ecological Indicators(105): 116-125.

Pommerening A, Uria-Diez J. 2017, Do large forest trees tend towards high species mingling? [J]. Ecological Informatics(42): 139-147.

Pretzsch H, Biber P, 2010. Size-symmetric versus size-asymmetric competition and growth partitioning among trees in forest stands along an ecological gradient in central Europe[J]. Canadian Journal of Forest Research, 40(2): 370-384.

Puettmann K, Messier C, Coates K, 2009. A critique of silviculture: Managing for complexity[M]. Bibliovault OAI Repository, the University of Chicago Press.

Puettmann KJ, Scott MW, Susan CB, et al., 2015. Silvicultural alternatives to conventional even-aged forest management—what limits global adoption? [J]. Forest Ecosystems(2): 8.

R Development Core Team, 2020. R: A language and environment for statistical Computing[M]. R Foundation for Statistical Computing, Vienna.

Redfearn A, Pimm SL, 1987. Insect outbreaks and community structure[M]. In: Barbosa P, Schultz JC (Eds.), Insect Outbreaks. AP, San Diego.

Robertson GP, Tiedje J, 1988. Spatial variability in a successional plant community: Patterns of nitrogen availability[J]. Ecology, 83(3): 357-367.

Röhrig E, Gussone HA, 1982. Waldbau auf ökologischer Grundlage, Zweiter Band[M]. Hamburg und Berlin: Paul Parey, 78.

Shanafelt DW, Dieckmann U, Jonas M, et al., 2015. Biodiversity, productivity, and the spatial insurance hypothesis revisited[J]. Journal of Theoretical Biology(380): 426-435.

Song B, Chen J, Desander PV, et al., 1997. Modeling canopy structure and heterogeneity across scales: From crowns to canopy[J]. Forest Ecology and Management, 96(3): 217-229.

Stiell WM, 1978. How uniformity of tree distribution affects stand growth[J]. Forestry Chronicle, 54(3): 156-158.

Stohlgren T, 2011. Spatial patterns of giant sequoia (Sequoiadendrongiganteum) in two sequoia groves in Sequoia National Park, California[J]. Canadian Journal of Forest Research(23): 120-132.

Stoll P, Newbery DM, 2005. Evidence of species-specific neighborhood effects in the dipterocarpaceae of a bornean rain forest[J]. Ecology(86): 3048-3062.

Suzuki SN, Kachi N, Suzuki J-I, 2008. Development of a local size-hierarchy causes regular spacing of trees in an even-aged Abies forest: analyses using spatial autocorrelation and the mark correlation function[J]. Annals of Botany(102): 435-441.

Tews J, Brose U, Grimm V, et al., 2010. Animal species diversity driven by habitat heterogeneity/diversity: the importance of keystone structures[J]. Journal of Biogeography(31): 79-92.

Valone TJ, Barber NA, 2008. An empirical evaluation of the insurance hypothesis in diversity-stability models [J]. Ecology(89): 522-531.

Valverde T, Silvertown J, 1997. Canopy closure rate and forest structure[J]. Ecology(78): 1555-1562.

Vela'zquez J, Allen RB, Coomes DA, et al., 2016. Asymmetric competition causes multimodal size distributions in spatially structured populations [J]. Proceedings of the Royal Society B: Biological Sciences, 283: 20152404.

Wan P, Zhang GQ, Wang HX, et al., 2019. Impacts of different forest management methods on the stand spatial structure of a natural Quercus aliena var. acuteserrata forest in Xiaolongshan, China[J]. Ecological Informatics (50): 86-94.

Wang HX, Peng H, Hui GY, et al., 2018. Large trees are surrounded by more heterospecific neighboring trees in Korean pine broad-leaved natural forests[J]. Scientific Report(8): 9149.

Wang HX, Zhang GQ, Hui GY, et al., 2016. The influence of sampling unit size and spatial arrangement patterns on neighborhood-based spatial structure analyses of foreststands[J]. Forest Systems, 25(1): e056.

Wang HX, Zhao ZH, Myllymäki M, et al., 2020. Spatial size diversity in natural and planted forest ecosystems: Revisiting and extending the concept of spatial size inequality[J]. Ecological Informatics(57): 101054.

Weiner J, Solbrig OT, 1984. The meaning and measurement of size hierarchies in plant populations[J]. Oecologia(61): 334-336.

Weiner J, Stoll P, Muller-Landau H, et al., 2001. The effects of density, spatial pattern, and competitive symmetry on size variation in simulated plant populations[J]. American Naturalist(158): 438-450.

Whittaker RH, 1952. A study of summer foliage insect communities in the Great Smoky Mountains[J]. Ecological Monographs(22): 1-44.

Wiegand T, Moloney KA, 2014. A handbook of spatial point pattern analysis in ecology[M]. Chapman and Hall/ CRC press, Boca Raton, FL.

Wuyts K, De SA, Staelens J, et al., 2008. Comparison of forest edge effects on throughfall deposition in different forest types[J]. Environmental Pollution, 156(3): 854-861.

Yachi S, Loreau M, 1999. Biodiversity and ecosystem productivity in a fluctuating environment: the insurance hypothesis[J]. PNAS(96): 1463-1468.

Zeng WS, Tomppo E, Healey SP, et al., 2015. The national forest inventory in China: history-results-international context[J]. Forest Ecosystems(2): 23.

Zenner E, 2004. Does old-growth condition imply high live-tree structural complexity? [J]. Forest Ecology and Management(195): 243-258.

Zenner E, Peck J, 2009. Characterizing structural conditions in mature managed red pine: Spatial dependency of metrics and adequacy of plot size[J]. Forest Ecology and Management(257): 311-320.

Zenner EK, Hibbs DE, 2000. A new method for modeling the heterogeneity of forest structure[J]. Forest Ecology and Management, 129(1): 75-87.

Zhang GQ, Hui GY, 2021. Random trees are the cornerstones of natural forests[J]. Forests, 12(8): 1046.

Zhang GQ, Hui GY, Zhao ZH, et al., 2018. Composition of basal area in natural forests based on the uniform angle index[J]. Ecological Informatics, 45.

第六章

森林结构分析和经营决策
专家系统的应用实例

为了形象展示实际经营案例从评估、定向与优选、经营的全流程操作过程，本章应用森林结构分析和经营决策专家系统进行线上操作与步骤讲解，以方便广大营林人员的使用。

森林结构分析和经营决策专家系统是国内首个支持林分结构分析和经营决策的专家支持在线平台(www.winkelmass.cn)。系统以多年结构多样性相关研究、森林经营理论与技术为基础，开发了森林结构分析模块，以及基于评估(林分状态合理性评价技术)、定向(π值法则确定经营方向)、优选("经营处方"、优选经营措施优先性方法)、经营(结构化森林经营和中大径木随机化经营)的全流程线上模拟经营体系，为研究人员、森林管理人员和基层人员提供了普适性良好的理论和技术支持，填补了森林经营自动化专家支持系统的空白，对支持我国森林经营提供了信息数字化基础。

6.1 操作说明

6.1.1 网站登录

在浏览器(推荐谷歌 Chrome 浏览器最新版本)地址栏中输入网址 winkelmass.cn，进入网站首页。

第一次登录该网站需要注册用户。点击右上角"注册"，输入用户名和密码，添加为新用户，如图 6-1。已有用户名的用户已默认为登录状态。未进行登录的用户将无法使用功能模块。

图 6-1　用户登录界面

完成注册并跳转至登录界面，使用已注册的用户名和密码，点击"登录系统"按钮，完成登录。网页自动跳转至"森林结构分析–上传数据"页面。

图 6-2　上传数据页面界面

此时为网页的主功能区。其中，左边主菜单栏依次为上传数据、林分基本信息、林分组成结构、林分空间结构、经营诊断、模拟经营等功能模块。在上传数据后，分别点击这些主菜单，还可应用其主菜单下的子模块。网页的右侧为展示区，将模块多种功能得到的计算结果、图片分析等内容展示于此。以下将分别介绍各子模块的使用方法。

6.1.2　上传数据

上传数据页面首先详细介绍了该平台可以识别的数据格式及其所含的数据内容。对于数据文件的格式，要求数据表格文件类型为逗号分隔的 csv 文件。若数据文件不是该类型，可以使用 Excel 软件打开数据文件，依次点击 Excel 界面左上角的文件–另存为，并在保存类型的下拉菜单中选择"CSV(逗号分隔)(＊.csv)"，最后选择保存，如图 6-3(左)。由于 CSV 文件仅能存储一页表格，故每个需要分析的样地数据为一个单独的 CSV 文件。

图 6-3　使用 Excel 将数据文件另存为逗号分隔的 csv 文件格式(左)，示例数据的列名(右)

数据表格文件中，应至少包含树号、*X*、*Y*、胸径、树高、冠幅南北、冠幅东西、树种和特征列。其中，树号为林木的编号，可以是任意格式；X、Y 为每木定位的相对坐标，为数字格式；胸径为数字格式，单位为 cm；树高为数字格式，单位为 m；冠幅东西和冠幅南北为数字格式，单位为 m；树种可以是数字、拼音、拉丁名或中文，但务必相同的树种使用统一的名称，否则将识别为不同的树种。例如，杨树和 YS 若出现在同一个数据文件中，将被识别为两个树种；特征是指林木的健康状态，可标记为健康和其他（不健康、濒死、倾斜等）。这些列的列名需与图 6-3（右）所示一致，包括英文字母的大小写，否则无法正确读取相应的列。但不需要保持相同的列的顺序。

其中，林木坐标不能有重复值，即两株林木不可能有完全相同的 x、y 坐标值。因为完全相同的 x、y 坐标将被视为同一株林木。而在现实调查中，是以树心的位置作为坐标点，可见在相同的位置上也不可能有两株或以上的林木在完全相同的点上。并且，任一林木的 x、y 坐标数据不可为空，否则将导致计算失败。对于胸径以下同株的林木，若两株（或多株）林木有不同的坐标取值，则可视为两株林木保留在数据文件中。同根或同株的两株或多株林木，可将主干、胸径较大、较健康或优势度更高的林木在特征列中标记为"健康"，其余同根或同株林木标记为"同株"。这样在模拟采伐时，可识别出这类林木，实现精准经营。对于只有相同坐标的，建议保留胸径更大、较为健康或优势度更高的林木，其他的同株林木在数据处理前删除。当然，保留哪类林木取决于研究目标。

对于数据文件中样地，建议样地的形状为矩形，以精确地划分缓冲区和核心区。对于不规则样地建议先自行裁剪为矩形样地。没有裁剪为矩形的样地，系统会根据坐标的最大值和最小值判别样地区域，但其空白区域不能完全被划分为缓冲区，从而造成分析计算的不精确。此外，样地大小需大于 10 m×10 m，样地内林木株数大于 20 株。建议所分析的林木均为胸径大于等于 5 cm 的活力木。

平台为了方便数据文件的准备工作，用户可点击"下载"链接，获得数据格式的示例文件"示例数据.csv"，使用该示例数据作为模板，可将用户已有数据填充至该模板中。同时，该示例数据也是该系统的经营示例展示数据，点击该页面中"直接使用示例数据"，可应用该数据完成各个模块的操作和展示，以方便用户熟悉系统的内容和操作流程。

在完成数据文件的准备后，可点击"上传自有数据"按钮进行上传。无论是点击"直接使用示例数据"，还是"上传自有数据"，在数据上传过程中，将出现"数据处理中，请稍后"的弹窗提示。此时"上传自有数据"下方提示"当前数据文件：上传的数据文件名"。下文也将以该"示例数据.csv"进行结构分析和经营过程的详细展示。

无法完成数据上传的几种情况如图 6-4。数据文件格式错误将导致上传失败，并在"上传自有数据"下方提示"当前数据文件：上传失败，请上传 csv 格式的数据。"当数据内容错误，如缺失某株林木的 x 坐标数据，则无法完成计算，此时按钮下方提示"当前数据文件：9lm-all.csv，处理失败，请重新上传数据。"

图 6-4　数据上传失败界面

6.2　林分结构分析

林分结构分析包含了林分的三大重要信息。首先是林分基本信息，可对林分整体状态有初步了解；第二部分是对林分组成结构进行分析，可对林分常见的组成信息进一步的分析；第三部分是林分空间结构，相对林分组成结构来说，林分空间结构更能说明林木之间的相互关系。

6.2.1　林分基本信息

6.2.1.1　林分概况

完成数据文件上传后，弹窗消失，页面自动跳转至"林分概况"页面。林分概况属于林分基本信息模块。单击左侧菜单栏"林分基本信息"下拉菜单中的"林分概况"也可跳转至该页面。林分基本信息模块从林分整体视角对其具有总概的内容和数据进行了展示。

在林分概况子模块中，首先在展示区给出了林分散点图、林分基本概况等信息，如图6-5。这些内容都是根据上传数据或示例数据计算并输出。其中，散点图中的实心圆代表了林木胸干的水平位置，其半径为胸径实际测量数据放大4倍后在样地中的相对大小。不同颜色代表了不同的树种。将鼠标移动到散点图实心圆上，可以显示该林木的树号。散点图下方，可点击"图片下载"链接，保存该图片为高清png格式的图片文件。

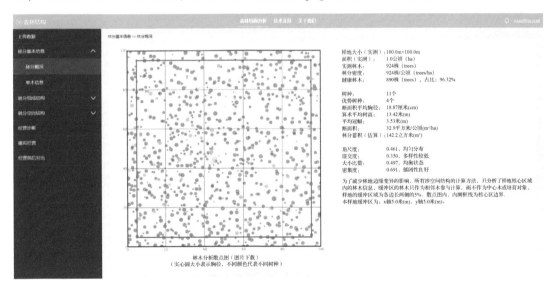

图6-5　林分概况子模块界面

为了减少林地边缘变异的影响，所有涉及空间结构的计算方法，只分析了样地核心区域内的林木信息，缓冲区的林木只作为相邻木参与计算，而不作为中心木或培育对象。样地的缓冲区域为各边长两侧各5%。散点图中红色的内框，即为样地核心区和缓冲区的边界。在散点图上，若个别区域的林木较为拥挤而难以分辨其分布状况时，可按住鼠标左键将该区域选中，松开鼠标后即可放大该区域以便仔细查看。双击散点图任意位置即可恢复。

展示区的右侧，分别给出了样地的实测面积、实测活力木株数、林分密度、健康林木比例、树种数、优势树种、断面积平均胸径等样地的概况信息。应用这些基本信息，可以对林分有初步的印象。

在该示例数据林分中可见林分基本信息，包括样地大小 100.0 m×100.0 m，实测面积为 1 hm^2，实测林木共 924 株，林分密度为 924 株/hm^2，其中健康林木共计 890 株，占比全部林木的 96.32%。包含树种 11 个。断面积平均胸径为 18.87 cm，平均树高为 13.42 m，林木的平均冠幅为 3.53 m。断面积共计 32.9 m^2/hm^2，林分蓄积量约 142.2 m^3。

林分的角尺度为 0.461，水平格局为均匀分布；混交度为 0.350，多样性较低；大小比数为 0.497，处于均衡状态；密集度为 0.691，郁闭性良好。

同时可见本样地缓冲区为 x、y 轴各 5 m。

6.2.1.2　单木信息

依次单击左侧菜单栏"林分基本信息"下拉菜单中的"单木信息"子模块，可以跳转至图 6-6 所示界面。此时右侧展示区显示了数据文件中所有林木的单株信息，即样地单木信息表。包括每株林木的树号（No）、胸径（DBH）、树高、平均冠幅、角尺度（W）、大小比数（U）、混交度（M）、密集度（C），以及缓冲区标识 buff 列。其中，buff 列表示该林木是否在核心区域，若标记为 Core 表示该林木位于核心区域，buff 表示在缓冲区域。

样地单木信息表 (数据下载)

（No代表树号；DBH代表胸径；W代表角尺度；U代表大小比数；M代表混交度；C代表密集度；buff代表林木是否在核心区域，Core表示在核心区域，buff表示在缓冲区域）

No	DBH	树高	冠幅	树种	W	U	M	C	buff
1	21.1	13.72	3.65	杨树	0.5	0.5	1	0.5	Core
2	8.3	8.51	1.75	蒙古栎	0.75	1	0.5	0.25	Core
3	22.3	14.88	3.10	蒙古栎	0.25	0.25	0.25	0.25	Core
4	26.5	15.71	2.85	蒙古栎	0.25	0	0.25	0.75	Core
5	15	10.9	2.20	蒙古栎	0.5	1	0.5	0.25	buff
6	23.2	15.11	2.95	蒙古栎	0.5	0.25	0.75	1	buff
7	22	15.55	1.80	蒙古栎	0.5	0.5	0.5	0.5	buff
9	31	17.8	5.15	蒙古栎	0.5	0	0.25	0.75	buff
10	13.9	11.8	2.15	蒙古栎	0.25	0.75	0.25	0.5	buff
11	24.7	16.25	2.90	蒙古栎	0.25	0.5	0.5	0.5	buff
12	27.3	15.76	3.30	油松	0.5	0.25	1	0.75	buff
13	13.3	11.46	2.25	油松	0.5	1	1	0.25	Core
P001	11	10	2.00	油松	0.75	1	0.5	0.25	Core
P002	15.6	13.5	2.35	油松	0.5	0.75	0.25	1	Core
P003	18.2	14.54	2.10	油松	0.5	0.5	0.5	0.75	Core
P004	26.4	14.82	4.25	油松	0.5	0	0.75	1	Core
P005	24.4	14.7	3.10	1	0.5	0.25	0.75	1	Core
P006	12.4	10.34	1.90	1	0.5	0.75	0.25	0.75	Core
P007	28.3	14.53	4.30	1	0.5	0	0.5	1	Core
P008	25.8	15	4.70	1	0.75	0.5	0	0.5	Core
P009	36.3	17.5	6.15	1	0.5	0.25	0.25	0.75	Core
P010	25.8	16	4.75	2	0.5	0.25	0.75	0.75	Core

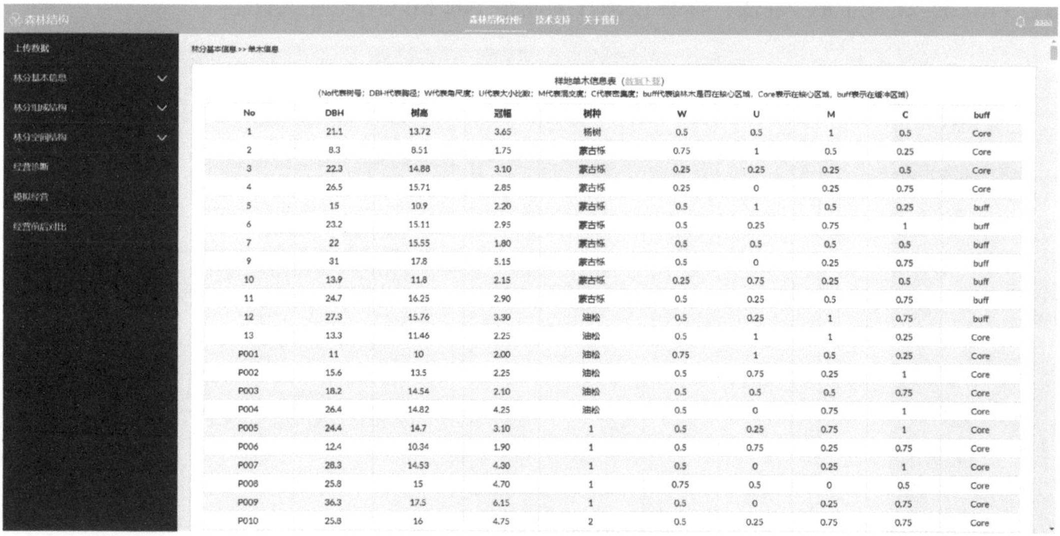

图 6-6　单木信息子模块界面

点击该页面中的"数据下载"链接可以下载为 CSV 格式的数据文件。使用单木信息表，可以方便地分析林木各种属性的统计特征。至此，系统分别给出了林分的概况信息和单木数据，已经可以满足样地的基本分析和计算。如进一步对其每种结构属性分别解释和分析，则应在"林分组成结构"和"林分空间结构"中选取相应的内容，下文也将依次展示这些子模块的功能。

6.2.2　林分组成结构

6.2.2.1　核密度估计

依次单击左侧菜单栏"林分组成结构"下拉菜单中的"核密度估计"子模块,可以跳转至图 6-7 所示界面。自该子模块开始,每个子模块的展示区将分为多个区域,分别对应该林分结构的原理、公式及其解释等内容,以方便用户深入理解样地的结构特征。对于图 6-7 所示界面,单击展示区界面上半部分的"什么是核密度估计?"的链接,即可展开关于核密度估计的简介。再次点击链接,即可隐藏。

此时右侧展示区显示了数据文件中所有林木的核密度估计图。该图的含义可详见 3.6 节。在核密度估计图中,蓝色的区域表示林木之间相互关系较弱的区域;明黄色则为相互关系较强的区域。可见局部密度较为密集的地方,林木间相互作用叠加更多,颜色更为趋向明黄。散点图下方,可单击"图片下载"链接,保存该图片为高清 png 格式的图片文件。

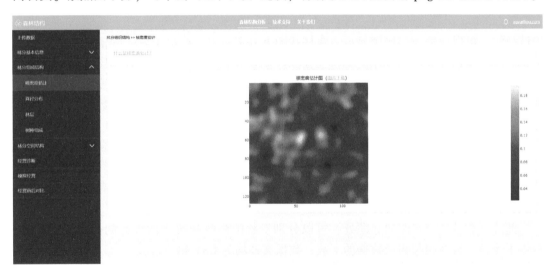

图 6-7　核密度估计子模块界面

在该示例数据的林分中,可以观察到核密度估计的图示。其中部的局部密度最高,呈现出最明亮的黄色。整体来看,左上方要比右下方的局部密度整体偏高,右下方大多数区域呈现了深蓝色到蓝紫色的局部密度,只有很少的区域偏向于黄色。

6.2.2.2　直径分布

依次单击左侧菜单栏"林分组成结构"下拉菜单中的"直径分布"子模块,可以跳转至图 6-8 所示界面。此时右侧展示区显示了数据文件中胸径>5 cm 林木的等径阶直径分布直方图。

与核密度估计的界面类似,点击"什么是直径分布?"链接即可查看相关内容简介。

在下方的柱状图中,统计了以 5 cm 为起测径,以 2 cm 为径级距(h=2)样地内的林木等径阶直径分布图,同时系统将自动应用指数分布进行拟合,当拟合成功,将在分布图上显示拟合曲线,即图 6-8 中的红色虚线。默认的分布图 y 轴表示株数。点击直方图下方的

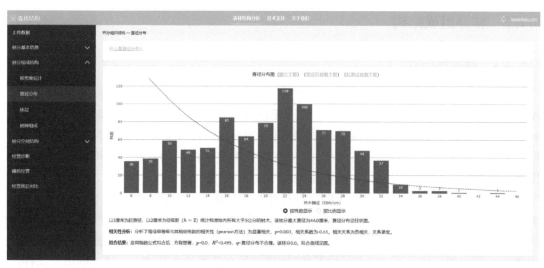

图 6-8   直径分布子模块界面

单选按钮，可以切换为按比例显示。在柱状图下方文字中，给出了更多的信息和拟合分析结果。包括①该林分最大直径。②相关性分析：分析了每径级等级与其相应株数的相关性（pearson 方法）、是否相关、p 值、相关系数、相关关系，以及关系紧密程度。③应用负指数分布的拟合结果：方程整体是否显著、p 值、决定系数 R^2，以及拟合常数的 q 值。并判定该林分直径分布是否合理。

有关该部分的详细介绍可参见 3.3 节中的内容。有关各参数是否处于合理范围，可在柱状图上方的简介中查看。需要特别注意的是，当相关性分析没有通过，其拟合曲线有可能仍然出现在柱状图上。由于缺乏相关关系的判断，此时的拟合曲线是没有意义的。也就是说，相关关系是拟合的前提。

此外，在直径分布图的标题处，可以分别下载按株数和按比例统计的分布图。同时，提供了等径阶数据和起测径数据的下载，数据文件均为 CSV 格式。

在该示例数据样地中，可以观察到林分的直径分布呈现单峰分布。单峰的最高值出现在胸径为 22 cm 处。以 5 cm 为起测径，以 2 cm 为径阶步长对标准地内的林木进行了分析，该林分最大直径为 44.0 cm。首先应用 pearson 方法分析了每径级等级与其相应株数的相关性，其 $p=0.003$，p 值 <0.05，为显著相关。相关系数为 -0.61，可见其相关关系为负相关，且关系紧密。继而使用指数函数进行拟合。拟合后方程整体 $p=0$，p 值 <0.05，方程整体显著，证明拟合结果是有效的。拟合后计算 $q=1.2167$，虽然处于判定标准的 $[1.2, 1.7]$，但决定系数 $R^2=0.495$，可见拟合效果较差，因此认为该林分的分布是不合理的。从直径分布图中也可判断，该示例数据呈现了单峰分布，显然不属于倒"J"形。

6.2.2.3　林　层

依次单击左侧菜单栏"林分组成结构"下拉菜单中的"林层"子模块，可以跳转至图 6-9 所示界面。

单击"什么是林层？"链接即可查看该部分的简介。

此时展示区左侧显示了该示例数据林分中 5 株优势木的信息列表。右侧展示区显示了

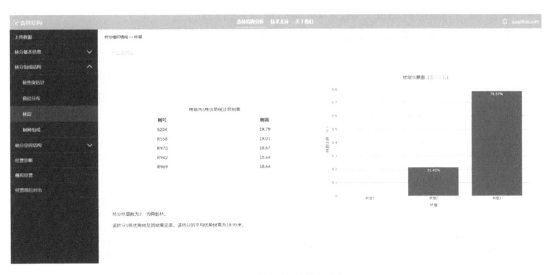

图 6-9 林层子模块界面

林层的直方图。该图中，林层的大小是以 100 株/hm^2 优势树木定义的优势高为基准计算的，而非左侧的 5 株优势高为基准。直方图显示了每层林木的株数比例，并综合计算林层数。有关该部分的详细介绍可参见 3.1 节中的内容。

在该示例数据的林分中，乔木林只分为两层。林层 1 的比例为 0；林层 2 的比例较少，只占到了 24.43%，而林层 3 的比例最高，达 78.57%。因此，林分林层数为 2，为异龄林。

下方的文字也给出了这一结论，并且计算了 5 株优势树的平均树高为 18.95 m。

6.2.2.4 树种组成

依次单击左侧菜单栏"林分组成结构"下拉菜单中的"树种组成"子模块，可以跳转至图 6-10 所示界面。

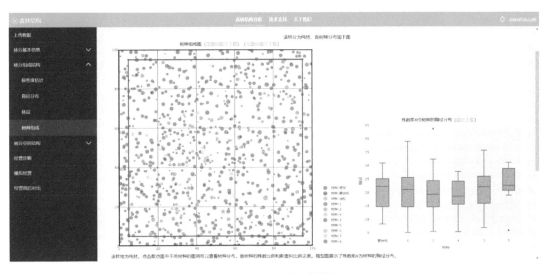

图 6-10 树种组成子模块界面

单击"如何判定树种组成?"链接即可查看该部分的简介。

此时下方展示区界面中,左侧展示了不同树种分布的散点图。点击散点图右侧的图例,可以分别隐藏不需要关注的树种。例如,在6-10所示页面中,单击"树种1",可以查看不包含树种1的林分散点图,如图6-11(左)所示。也可以同时隐藏多个树种,只查看特定的一个或几个树种,如图6-11(右)。这个功能可以方便用户有针对性地聚焦于某个或某类树种。再次点击图例中的"树种1",可以取消隐藏。

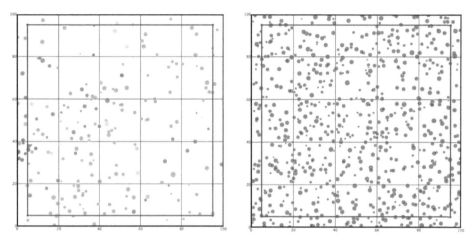

图6-11　只隐藏树种1(左)和只显示树种1(右)的散点图

单击散点图上方的图片下载链接,可以分别下载带图例或不带图例的高清散点图。

展示区的右侧柱状图给出了林分树种组成的箱型图。该图显示了样地中以株数统计的前6位树种的胸径分布。箱型图的横坐标是树种名称,与数据中树种的输入名称一致;纵坐标为胸径大小,单位是cm。同样,单击下载可以保存高清箱型图。

散点图的下方,给出了常见的判断树种多样性的几种结果。首先通过树种组成判断林分是纯林还是混交林,并输出了分析数据的Simpson指数和Shannon指数。

森林结构			森林结构分析　技术支持　关于我们			aaa@qq.com

该样地为纯林。点击散点图中不同树种的图例可以查看树种分布。各树种的株数比例和断面积比例见表。箱型图展示了株数前6为树种的胸径分布。

为了进一步说明该样地树种多样性,分析了Simpson指数和Shannon指数。

Simpson's Index (1-D) = 0.37

Shannon's Index (1-D) = 1.16

树种代码	树种	株数	株数比例%	断面积m²	断面积比例%
4	1	722	78.14	25.898	78.72
5	2	128	13.85	4.302	13.08
7	3	34	3.68	1.306	3.97
6	4	10	1.08	0.301	0.91
2	蒙古栎	9	0.97	0.336	1.02
8	5	8	0.87	0.359	1.09
3	油松	6	0.65	0.182	0.55
9	6	3	0.32	0.058	0.18
11	8	2	0.22	0.07	0.21
1	杨树	1	0.11	0.035	0.11
10	7	1	0.11	0.053	0.16

图6-12　样地林分类型、多样性指数和树种信息表

在该示例数据的林分散点图可以发现，直观上数量最多的树种是树种 1。从树种信息列表中可以查看，树种 1 共计 722 株，占到了林木比例的 78.14%，断面积达到 25.898 m²，占林分整体断面积的 78.72%。从箱型图中进一步分析可以发现，树种 1 的最大胸径为 39 cm，最小为 5.1 cm，其平均胸径为 21.15 cm。在隐藏掉树种 1 后，可以明显地发现示例数据中的蒙古栎聚集在样地的左下方，而在其他区域没有分布，如图 6-11(左)。

查看其树种组成可以发现，该林分为纯林，Simpson 指数为 0.37，Shannon 指数为 1.16，多样性较低。

需要说明的是，无论树种组成、Simpson 指数还是 Shannon 指数，都可归于多样性的非空间结构，即组成结构中。因为这些参数指示了树种的组成频率，但无法表达其空间分布的状况。正如在示例数据的散点图中发现蒙古栎的特殊分布一样，这个特征无法用以上三个参数的结果描述。因此，系统还提供了空间结构多样性分析，将在下文中阐述。

6.2.3　林分空间结构

6.2.3.1　水平格局

依次单击左侧菜单栏"林分空间结构"下拉菜单中的"水平格局"子模块，可以跳转至图 6-13 所示界面。

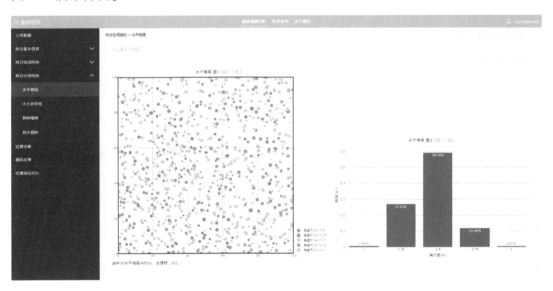

图 6-13　水平格局子模块界面

在水平格局分析页面，可以分别应用角尺度方法、Clark Evans 聚集指数和 Ripley K 的 L 函数对样地进行分析。其中，在角尺度方法下，展示区的左半部分给出了每株林木的角尺度散点图，单击散点图右下方的图例，即可隐藏一种或几种取值的点。右侧为角尺度的分布图。对于 Clark Evans 聚集指数，展示区的中间部分给出了该指数的计算结果。对于 Ripley K 的 L 函数，展示区的下半部分给出了该林分的 L 函数的曲线。

在该示例数据林分的分析结果可以发现，角尺度散点图中 $W=0.5$ 的个体较多，在右侧的直方图中也可以证实。从直方图还可以观察到，均匀分布的林木多于聚集分布的林木，其中，特别均匀的林木占比为 0.94%，均匀的 27.11%，而特别聚集的为 0.81%，聚集的为 11.95%。从角尺度均值可知，该样地的水平格局为均匀分布，属于非理想型，其赋值为 0。

应用 Clark Evans 指数和 Ripley L 函数的分析的结果。分别在下方显示，如图 6-14。该林分 Clark Evans 指数为 1.094，指示为均匀分布，与角尺度的结果一致。Ripley L 函数的结果以点模式图展示。从图 6-14 可见，当林木间距离较小时(<8 m)，其取值小于 0，指示林木为均匀分布。随着尺度逐渐增大，指示林木趋向聚集分布。

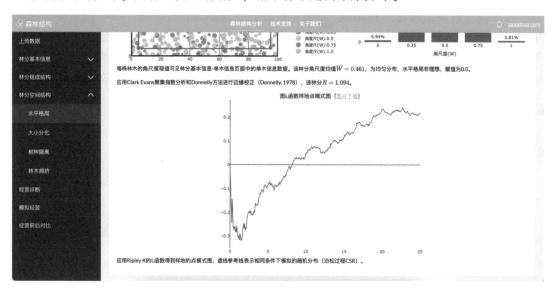

图 6-14　水平格局子模块下拉界面

6.2.3.2　大小分化

依次单击左侧菜单栏"林分空间结构"下拉菜单中的"大小分化"子模块，可以跳转至图 6-15 所示界面。大小分化应用了大小比数进行分析。

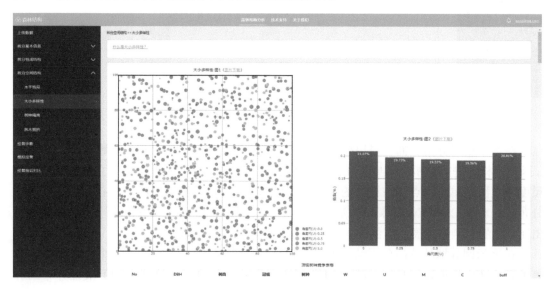

图 6-15　大小分化子模块界面

与角尺度的分析相似，大小分化界面的左半部分为大小比数的散点图，右侧株数前 6 位树种的大小比数箱形图。下方给出了基于胸径大小的劳伦兹曲线图和相应的 Gini 系数，以及胸径变异系数。

对于该示例林分，其 Gini 系数为 0.09，暗示林木大小过于均匀。由于大小分化这一指标并未单独应用于林分状态分析，故该页面没有给出相应的评价标准。

6.2.3.3　树种隔离

依次单击左侧菜单栏"林分空间结构"下拉菜单中的"树种隔离"子模块，可以跳转至图 6-16 所示界面。树种隔离程度应用了混交度进行分析。

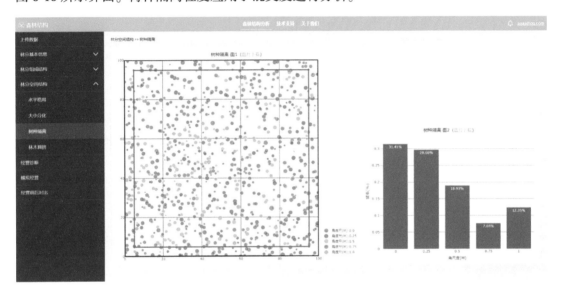

图 6-16　树种隔离子模块界面

树种隔离界面的左半部分为混交度的散点图，同其他散点图一样，单击图例可以隐藏不需要关注的取值。在混交度散点图中，依次点击具有不同混交度取值的点，可以更清晰地对比具有不同空间多样性的林木个体。

以示例数据为例，当只显示混交度为 0 的林木时[图 6-17(左)]，可以发现这些点大多聚集在一起，很显然这是因为混交度的性质决定的。当混交度为 0，说明这些林木的最近相邻木为相同树种。但图 6-17，左展示的这些点未必为相同树种。当只显示混交度为 1 的林木时[图 6-17(右)]，即可发现这些点明显与混交度为 0 的点有所区别，它们以非常分散的个体散落在林分中。

另外，从右侧的混交度直方图也可以观察到，示例数据中混交度为 0 的个体最多，混交度为 0.75 的个体最少，1 的次之，可见该林分的混交度一般，其均值为 0.35，多样性较低。

此时若进一步分析不同树种的混交度，可以应用"单木信息"页面中下载的"单木信息表"，将树种为蒙古栎的数据单独提取出来，并进行分析。在完成分析后可以发现，蒙古栎混交度的均值为 0.423，高于林分整体的混交度。虽然观察到蒙古栎的聚集现象，但通过对混交度的分析发现，相对于林分整体来说，蒙古栎更倾向于与其他树种相邻。

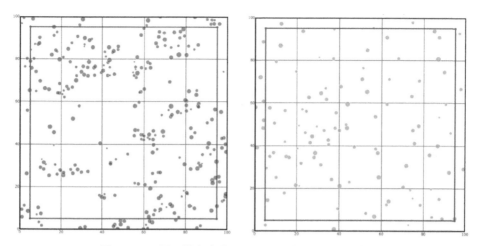

图 6-17　只显示混交度为 0(左)和 1(右)的林木散点图

6.2.3.4　林木拥挤

依次单击左侧菜单栏"林分空间结构"下拉菜单中的"林木拥挤"子模块，可以跳转至图 6-18 所示界面。林木拥挤应用了密集度进行分析。

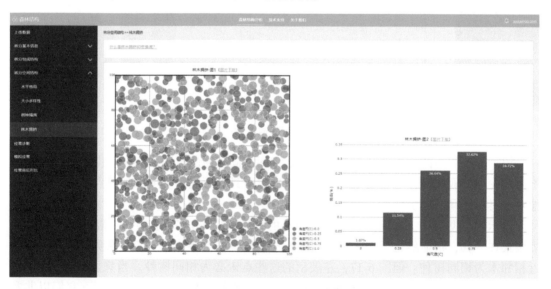

图 6-18　林木拥挤子模块界面

不同于以上三个子模块的是，该界面左侧的散点图并非应用胸径比例绘制，而是以每株林木的冠幅大小的均值绘制，可见每个圆的大小与树冠均值成正比。可以单击右侧图例单独查看不同取值的密集度散点图。

在该示例林分数据中，可见林木密集度尚可。比例最高的密集度为 0.75，达到 32.62%。林分整体密集度为 0.691，属于郁闭良好的状态。

6.3　模拟经营

以上内容主要是线上系统的结构分析功能介绍。在对各项结构进行分析后，如对样地有经营需求，即可进一步进行经营分析。经营分析主要包含了经营诊断和模拟经营主要功能。对标前文中的介绍，结构分析即为前文中评估的各项内容，不同的是为了丰富多种指标和不同结构方面的参考，也为了针对研究开展结构分析，系统中各项分析的顺序与前文内容不完全一致，且由于线上系统的更新内容有一定出入。经营诊断即为定向和优选的步骤。模拟经营即为经营的标记采伐木。以下将分别进行介绍。

6.3.1　经营诊断

单击左侧菜单栏"经营诊断"即可跳转至图 6-19 所示界面。经营诊断主要对林分进行了经营迫切性评价和经营方向的确定。经营迫切性评价可以首先回答林分需不需要经营的问题。经营方向则给出了如何经营的答案。有关经营迫切性和经营方向的具体内容，可以点击上方的链接进行查看。

图 6-19　经营诊断的林分补充信息界面

在进行经营诊断之前，需要用户对林分信息进一步补充，以确保经营方向的正确匹配。需要补充的内容包括：

（1）林分是否为天然林，其默认选项为天然林；这一选项可以对经营诊断中树种多样性的判定产生影响。

（2）林分内是否有国家保护物种，主要指乔木。这个选项是为了确保模拟经营的采伐木标记可以保留珍贵树种。默认选项是空。如果样地内有不允许采伐的其他非珍稀物种，也可以在此选项标记。选项的内容是该样地所有树种的下拉菜单，可以不选、选择一个树种或多个树种。

（3）林分所在地区的顶极树种。由于顶极树种与地域相关，故用户在经营前需要确定当地的顶极树种,并在此选项内勾选。当用户不能确定顶极树种时,默认选项为空,此时在经营诊断、模拟经营的过程中,将把林分中断面积最大的优势树种默认为顶极树种。

(4)经营的采伐限额,用户可根据实际情况自行填写。当限额为空时,默认选项为25%的断面积限额。但此时的限额并非固定了模拟采伐的数量或断面积,而是采伐的断面积不高于该限额。

(5)每公顷更新株树,需要用户根据调查结果自行填写,不填写时的默认值为0株,即没有更新。

以上每一个选项都会对接下来的经营诊断、模拟经营产生影响,因此建议用户认真填写,以减小接下来步骤的偏差,确保得到精确的分析结果。当然用户也可以根据研究或经营目标填写,完成计算后可随时回到此界面进行修改,并对不同结果进行比较和甄选。

用于演示的示例数据的林分为天然林,没有国家保护树种,其顶极树种为树种1,没有规定的经营采伐限额,每公顷更新株数为2200。在完成经营诊断的补充信息后,需要用户等待几分钟(与计算机配置和数据量有关),以完成接下来几个步骤的计算和优化。完成计算后,可以看到如图6-20的界面。

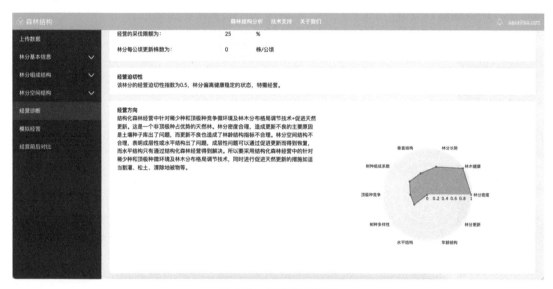

图6-20   经营诊断界面

在该界面展示区的右侧中,明确给出了如前文第二章中所示雷达图的结果,并分别列出了每一个评价指标的数值和等级。根据雷达图,可以清晰地明了样地整体的林分状态。与此同时,展示区的左侧给出了经营的具体方向和措施优先性。

对于该示例数据的林分来说,该林分的经营迫切性、各指标的取值及其等级,以及据此得到的经营措施优先性已详细展示在图6-20中。

6.3.2   模拟经营

单击左侧菜单栏"模拟经营"即可跳转至图6-21所示界面。在模拟经营中,统一使用了结构化森林经营的技术体系,并根据前文对经营方向和经营措施优先性的分析,给出了模拟采伐的具体设计方案。有关模拟采伐的目标函数和约束条件可以单击上方的链接查看详细介绍。对于经营诊断中给出的其他常规性的经营措施，如人工补植、割灌等，用户仅需按常规技术实施即可。

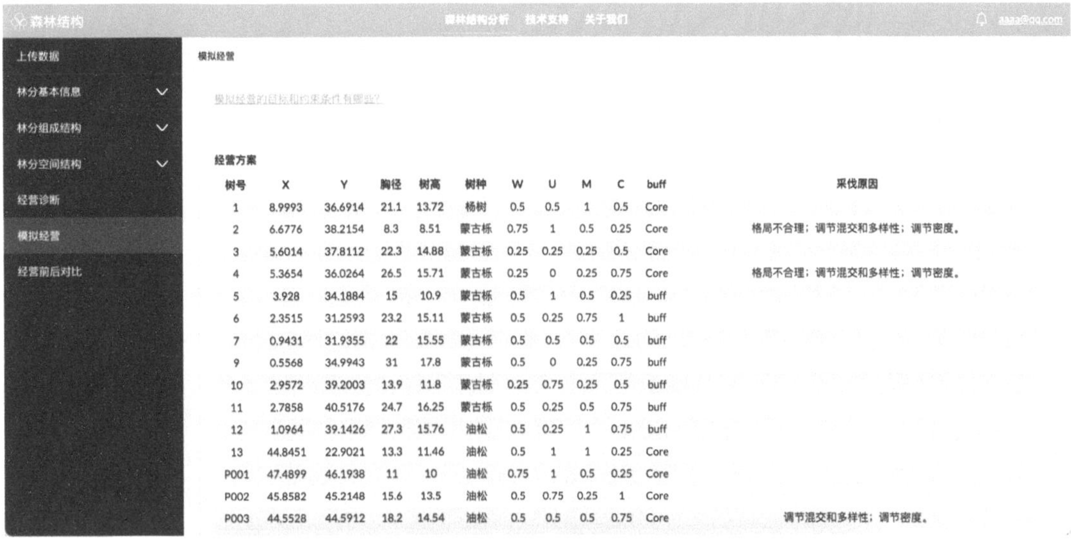

树号	X	Y	胸径	树高	树种	W	U	M	C	buff	采伐原因
1	8.9993	36.6914	21.1	13.72	杨树	0.5	0.5	1	0.5	Core	
2	6.6776	38.2154	8.3	8.51	蒙古栎	0.75	1	0.5	0.25	Core	格局不合理；调节混交和多样性；调节密度。
3	5.6014	37.8112	22.3	14.88	蒙古栎	0.25	0.25	0.25	0.5	Core	
4	5.3654	36.0264	26.5	15.71	蒙古栎	0.25	0	0.25	0.75	Core	格局不合理；调节混交和多样性；调节密度。
5	3.928	34.1884	15	10.9	蒙古栎	0.5	1	0.5	0.25	buff	
6	2.3515	31.2593	23.2	15.11	蒙古栎	0.5	0.25	0.75	1	buff	
7	0.9431	31.9355	22	15.55	蒙古栎	0.5	0.5	0.5	0.5	buff	
9	0.5568	34.9943	31	17.8	蒙古栎	0.5	0	0.25	0.75	buff	
10	2.9572	39.2003	13.9	11.8	蒙古栎	0.25	0.75	0.25	0.5	buff	
11	2.7858	40.5176	24.7	16.25	蒙古栎	0.5	0.25	0.5	0.75	buff	
12	1.0964	39.1426	27.3	15.76	油松	0.5	0.25	1	0.75	buff	
13	44.8451	22.9021	13.3	11.46	油松	0.5	1	1	0.25	Core	
P001	47.4899	46.1938	11	10	油松	0.75	1	0.5	0.25	Core	
P002	45.8582	45.2148	15.6	13.5	油松	0.5	0.75	0.25	1	Core	
P003	44.5528	44.5912	18.2	14.54	油松	0.5	0.5	0.5	0.75	Core	调节混交和多样性；调节密度。

图 6-21　模拟经营页面

在下方的展示区中，给出了设计方案，即所有模拟采伐的林木，列出了每一株采伐林木的树号、坐标、胸径、树高、冠幅以及是否在缓冲区等原始数据内容，同时还给出了采伐的具体原因。这些原因可能包含不健康、格局调整、混交调整等具体原因，或是这些原因的叠加。可见数据调查、记录、结构分析与经营诊断以上的任意一个步骤都将影响模拟经营中林木的采伐结果。

至此，我们完成了一个样地所有的结构分析和模拟经营。